# 让孩子

第2版

# 保持阳光心态

## 的枕边书

卢帼芹◎编著

国家一级出版社　中国纺织出版社　全国百佳图书出版单位

## 内容提要

　　阳光心态是积极、宽容、豁达、知足、感恩的一种心智模式。保持阳光心态，我们可以化弊为利、让苦变甜，可以化解仇恨、消除误会、打消猜疑、由悲变喜，让生活充满积极的能量。本书精选了一百多个富有哲理、极具趣味性和启发性的故事，将带领你的思绪畅游在快乐、幸福的海洋里，当你忧愁时给予你安慰，在你烦心时给予你解脱，让你摆脱自卑、压抑的困扰，帮你聚集自信、乐观、积极的阳光心态，助你成为杰出的青少年。

## 图书在版编目（CIP）数据

　　让孩子保持阳光心态的枕边书／卢帼芹编著．—2版．—北京：中国纺织出版社，2018.9
　　ISBN 978-7-5180-5282-0

　　Ⅰ.①让… Ⅱ.①卢… Ⅲ.①青少年心理学—通俗读物　Ⅳ.①B844.2-49

中国版本图书馆CIP数据核字（2018）第175937号

责任编辑：闫　星　　　特约编辑：李　杨　　　责任印制：储志伟

中国纺织出版社出版发行
地址：北京市朝阳区百子湾东里A407号楼　邮政编码：100124
销售电话：010—67004422　传真：010—87155801
http：//www.c-textilep.com
E-mail：faxing@c-textilep.com
中国纺织出版社天猫旗舰店
官方微博http://weibo.com/2119887771
北京通天印刷有限责任公司印刷　各地新华书店经销
2018年9月第1版第1次印刷
开本：710×1000　1/16　印张：13
字数：177千字　定价：39.80元

# 前　言

　　阳光是世界上最光明、最美好的东西，它能赶走黑暗和潮湿，温暖人们的身心。心态对我们的思维、言行有着导向和支配的作用。人与人之间细微的心态差异，能产生成功和失败的巨大行为差异。积极的心态创造生活，消极的心态毁灭生活。阳光心态就是积极、健康和充满关爱的心态，是快乐的使者，是幸福的缔造者。孩子拥有了阳光心态，就能享有快乐的生活，成就幸福美满的人生。

　　不同的孩子，其家庭条件不同、相貌不同，受到的磨难程度也不相同。但无论是在怎样的环境中，我们都保有一种自由的权利——如何把握自己的心态，选择自己的态度。而这种人人都有的权利，就是改变我们生活的关键。有些孩子总是一相情愿地认为，只有天才才会有奇思妙想，事实上，要找到好主意，靠的是态度，而不单单是天赋！一个思想开放、有创造性的人，哪里有好主意就往哪里去；而且，在这个主意的优缺点没有彻底弄清楚之前，他绝不会轻易放弃。

　　心理学讲，当一个人把一种信念或心态付诸行动后，便会加强并助长这种信念，就像积极的思维会带来积极的心态，因为我们会把积极的思想演绎为积极的行动，而心态是紧跟行动的。所以，千万不要等到自己有了积极的感受再去付诸行动，而要给自己一种塑造阳光心态的思想和意念，不然就会本末倒置。

　　如今，对于阳光心态的诠释已是百家争鸣，像自信、乐观、积极的态度，知足、感恩、达观的心理，坚强、真诚、执着的品质……抑或是我们随口就能说出的：改变不了环境，就去适应环境；改变不了别人，就去改变自己；不能改变事情，就改变对事情的态度……

如果一个孩子快乐、豁达、宽容、幽默……那么，对于别人认为是"忍耐"的事，他会认为没有什么，可以克服；而且在克服中，不觉得痛苦；克服之后，倍加快乐。别人比他优秀，他不嫉妒，而是下决心努力去超越。和朋友相交，不斤斤计较，能够包容别人、理解别人，能够经常进行换位思考。吃了亏，不后悔，不抱怨，而是总结经验，下次遇到类似的问题，争取会有新的突破……因此，拥有这种阳光心态的孩子将会终生受益！

那么，对于孩子来说，阳光心态又将如何塑造呢？尤其是思想意识还没有独立的孩子，他们是在克服了一个又一个困难、培养了一种又一种能力中成长起来的。当孩子打针不哭、摔跤了自己爬起来时，夸奖他们的"勇敢"；当孩子把自己的玩具送给别人、把自己的压岁钱让妈妈寄给患白血病的大姐姐时，赞美他们的"善良"；在孩子捡到东西交给老师、在许下某种诺言并努力实现后，表扬他们的"诚信"；当他们亲自动手制作了某种"奇珍异品"时，赞叹他们的"聪明"；当他们主动帮助爸妈做事时，夸赞他们的"孝顺"；当他们通过自己的努力克服了某种困难时，肯定他们的"坚韧"……孩子在自己的"成就"面前会产生真正心理上的满足，而这种心理上的满足会成为一种动力，推动着孩子阳光地成长。

思想的传递是需要方式的，就像孩子应该有他们自己所能领会的语言一样！我们也曾遇到过自己表达无数遍的想法仍是无法被理解的时候，因为听者和我们的思维不一致，所以，想要在书中给孩子或是他人一些思想的启示，就该为他们选择适当的表达方式。这本书中的"心态悟语"就是用通俗的语言对内容进行总结，是思想的升华，是塑造阳光心态的点睛之笔。相信每一个孩子在品读完本书后，都能拥有豁达、平和的心态，都能在面对厄运时泰然自若，面对毁誉时不卑不亢，面对生活时积极进取，面对自己时坦然快乐。

编著者

2018年4月

# 目　录

## 上篇　塑造阳光心态，让自己快乐成长

## 下篇　守护阳光心态，收获快乐人生

# 上 篇

## 塑造阳光心态，让自己快乐成长

# 心理美容，
# 清扫心灵中的垃圾

　　谁都希望自己生活得幸福、快乐，而一个人快乐与否，完全取决于个人对人、事、物的看法。青少年朋友，你们的人生刚刚开始，现阶段的你们一定要学会一项技能——心理美容，因为，面对人生的烦恼与挫折，最重要的是摆正自己的心态，积极地面对一切。如果你懂得调解自己的心态，那么，你就能拥有一个充满阳光的青春期，如此，你就拥有了挑战未来的最重要砝码。

## 乐观的孩子离幸福最近

心理学研究发现，成长期的孩子若对自己持正面的看法、对未来有乐观的心态，那么，他就不会离幸福太远。孩子乐观的重要表现之一，就是凡事都作正面的思考。

有一天，老师当着全班同学的面批评一个初中男孩历史考试成绩太糟糕。回到家，妈妈想安慰他，但没想到小男孩这么说："幸好老师批评的是我最烂的一门科目，如果我最好的一门科目被他批评，那我岂不更惨！"

这个小男孩的思维就是正面的、积极的。拥有这样的思维能力，就是乐观特质的精彩展现。

的确，乐观就像心灵的一片沃土，为人类所有的美德提供丰富的养分，使它们健康地成长。它使你的心灵更加纯净、意志更富有弹性。它就像最好的朋友一样陪伴着你的仁慈；像尽职尽责的护士一样呵护着你的耐心；像母亲一样哺育着你的睿智……它是道德和精神最好的滋补剂。

马歇尔·霍尔医生曾对自己的病人说过："乐观的态度是你最好的药。"所罗门也曾说过："乐观的心态，就是最强劲的兴奋剂。"有一位著名作家，在被人问到该如何抵抗诱惑时回答："首先，要有乐观的态度；其次，要有乐观的态度；最后，还是要有乐观的态度。"

青少年朋友们，在生活中，你难免会遇到某些困难、遇到某些不顺心的事情，因此变得沮丧。其实，你应该时刻告诉自己，困境是另一种希望的开始，它往往预示着明天的好运气。因此，只要你放松自己，告诉自己希望是无所不在的，再大的困难也会被战胜。

# 心态悟语

为了培养乐观的心态，青少年朋友们，你可以这样做：

1. 摒除那些消极的习惯用语

"我真不知道该如何是好了！"

"这道题怎么总是解答不了呢？"

"我真累坏了。"

……

你可以这样激励自己：

"累了一天，能这样休息真好啊！"

"再大的困难，我也能挺过去！"

"我一定要把这道题解出来。"

"我就不信我战胜不了你！"

2. 听听愉快、鼓舞人的音乐

每天早上，当你起床后，要接触那些积极的信息，如果可能，和一位心态积极者共进早餐或午餐。不要看早上的电视新闻，你只要浏览一下当天报纸上的几条重要新闻即可，它足以让你知道将会影响你生活的国际或国内新闻。

3. 从事有益的娱乐与教育活动

观看介绍自然美景、家庭健康及文化活动的录像带，能够帮你增长有关提升生活质量的相关知识。另外，在挑选电视节目及电影时，要根据它们的质量与价值来选择，而不是商业吸引力。

4. 比较法

当你心情不好时，不妨去访问孤儿院、养老院、医院，你会发现，这个世界上，比你不幸的人有很多。如果你的情绪仍不能平静，那么就积极地和这些人接触；你也可以和朋友一起散步游戏，这样，坏情绪就会逐渐平息。通常只要环境发生改变，往往能帮助心态和情绪向好的方面转变。

# 放下猜忌，学会信任朋友

青春期的孩子会慢慢成为一个社会人；青春期是个需要为友谊劳心劳力的阶段，但青少年朋友们，如果你想拥有友谊，就必须放下猜忌，学会信任朋友。

友谊是经不住猜忌和私心考验的。被人们认为是智慧的化身的诸葛亮，也是个猜忌心重的人。

诸葛亮精明能干，且任人唯贤，却因为过于明察而生疑人之心。他对人不信任，大事小事无不亲自过问，出将入相，茕茕孑立。诸葛亮对受降之将魏延始终用而不信，怀疑他有反叛之心，致使军事上失去"股肱"之助。诸葛亮死后，又发生魏延的冤案，蜀汉元气大伤，造成"蜀中无大将，廖化作先锋"的不利局面。

实际上，自古以来，和诸葛亮一样，不知有多少人因为猜忌而疏远了朋友、中断了友谊，甚至断送了锦绣前程。猜忌实在是害人又害己。

猜忌不仅是对友谊的摧残，更是对心灵的折磨，杯弓蛇影的典故就是很好的例证。弓影映在盛酒的杯中，好像小蛇在游动，饮者以为真把小"蛇"给吞下去了，越想越恶心，结果害得自己大病一场。这才是天下本无事、庸人自疑之，疑心太重，到头来只会自讨苦吃。

我们不能否认，每个人都有疑心，这是一种正常的自我保护的心理活动，但所谓的自我保护，是对于那些相交甚浅的人或是陌生人。而对于自己的朋友，则应该以信任为基础，大可不必处处设防。

## 心态悟语

那么，青少年朋友们，你该如何摒弃人际交往中的猜忌心理呢？

1. 理性思考，不无端猜忌

当你发现自己在猜忌一件事或者一个人时，不妨打断自己的思维，问一问自己，为什么要猜忌？这样做对吗？如果怀疑是错误的，还有可能发生什么情况？在作出决定前，多问几个为什么是有利于冷静思索的。

2. 发现自己的优点，增强自信心

每个人都不是完美的，有优点自然也有缺点，因此我们不要一味地盯着自己的缺点看，这样只会让自己灰心丧气。善于发现自己的优点，能帮助我们树立自信心、提升能力，在获得成就后，能更加自信地生活。

3. 从心理上根除猜忌

行为是心理的表现，从心理上根除猜忌，行为便会与之决裂。你要告诉自己，那个我不喜欢的人，他并不是坏人，我只是放大了他的缺点，且没看到他的优点而已。经过长期的心理斗争，你必定能根除爱猜忌的不良习惯。

4. 增强对自我的调节能力

人生在世，我们不可能让每个人都称赞。因此，别人对我们的评价，我们不必猜忌。但丁有一句名言：“走自己的路，让别人说去吧。”要善于调节自己的心情，不要在意他人的议论，该怎样做还是怎样做，这样不仅解脱了自己，无端的怀疑也会烟消云散。

5. 多沟通，解除疑惑

在人际交往中，彼此之间总会有一些摩擦或误解。其中有些是由于理想、观念的不同导致的，也有些误解来源于猜忌。不管怎样，都应该通过适当的方式解决。通过谈心，不仅可以使自己的想法被对方了解、消除误会，还能避免因误解而产生的冲突。

# 和寂寞做朋友，心灵就不孤独

有本书上这样写道：“能够忍受孤独的，是低段位选手；能够享受孤独的，才是高段位选手。”诚哉斯言！不同的人生态度成就不同的人生高度。一个真正有内涵的人，是懂得充实自己内心的人，如看一本书、写一行字、修理一个柜子、养一缸鱼、煲一锅汤、照料受伤的小动物等，这一切远胜于呼朋唤友、熙熙攘攘。他有坚定的内心和认知，不受世间观念的扰动，专注于工作和学习，并且独具一格。

"每天放学后，我宁愿去图书馆看看书，也不愿意和同学们去网吧上网。每读一本书，我都能获得不同的知识，有专业知识、人生感悟、风土人情、幽默智慧，我很享受读书的过程。每次从图书馆出来都已经是夜里十点了，看着路边安静的一切，风从耳边吹过，我真正感到了内心的安宁。同学们都说我这人太宅了，但我觉得，我是在享受寂寞，内心有书籍陪伴，我从没有感到过孤独。"

这是一个懂得享受寂寞的人的内心独白。的确，心与书的交流，是一种滋润，也是内省与自察。伴随着感悟与体会，淡淡的喜悦在心头升起，浮荡的灵魂也渐归平静，让自己始终保持纯净而又向上的心态，不失信心地融入现实、介入生活、创造生活。

也许你会问，"寂寞"二字究竟是褒义词还是贬义词？我们无须追求，但我们要明白，寂寞不等于孤独。一个人孤独，那是因为身边没有朋友；而一个人寂寞，那是自己给自己的独有空间。

其实孤独也是美丽的，孤独的是影，实在的是心，孤独的人能在孤独中完成他的使命。如果一个人兴趣无比广泛而又浓烈，同时又感觉到自己的精力无比旺盛，那么，他就不必去考虑他活了多少年这种纯数字的统计学，更不需要去考虑他那未知的未来。

## 心态悟语

那么，寂寞时，青少年朋友们该如何充实内心呢？

1.与书籍为伍

英国作家汤玛斯说："书籍超越了时间的藩篱，它可以把我们从狭隘的眼前，延伸到过去和未来。"的确，书籍记录了太多伟大的思想。在读书的过程中，我们能实现自我提升；我们能探索到很多未曾涉及的领域；我们更能从书籍中找到心灵的导师，从而看清自己、走出狭隘，最终达到丰富自我、提升涵养的目的。

2.专注于学习

孔子说："德不孤，必有邻。"一个人如果能专注于当下的工作和学习，那么，他便能沉浸在自己的世界中，又怎会感到孤独呢？举个很简单的例子：炎炎夏日，农夫思考如何把稻子割完、学生一心要读完一本书，他们都是充实的，只有无所事事的人，才会觉得内心空虚、寂寞，需要与人为伴。

## 摆脱焦虑，一切顺其自然就好

对于青少年朋友来说，可能每天都面临着焦虑，比如，考不上一所好大学怎么办？考试前生病了怎么办？新同学不喜欢我怎么办……但无论如何，这都是未发生的事，此时的你只有摆脱这些恐惧和焦虑的困扰，才能以最好的状态迎接明天。

德国的一位哲学家曾讲过这么一段话：没有什么情感比焦虑更令人苦恼了，它给我们的心理造成巨大的痛苦。焦虑并非由实际威胁所引起，其紧张、惊恐的程度与现实情况很不相称。因此，通常来说，焦虑是无谓的担心。我们要彻底摆脱使人苦恼的焦虑，就要选择平静身心。

沐浴着和煦的春风，师父带着小和尚来到寺庙的后院，打扫冬日里留下的枯木残叶。小和尚建议："师父，枯叶是养料，快撒点种子吧！"师父说："不着急，随时。"种子到手了，师父对小和尚说："去种吧。"不料，一阵风起，种子撒下去不少，也吹走不少。小和尚着急地对师父说："师父，好多种子都被吹飞了。"师父说："没关系，吹走的净是空的，撒下去也发不了芽，随性。"刚撒完种子，飞来几只小鸟，在土里一阵刨食。小和尚连轰带赶，然后向师父报告："糟了，种子都被鸟吃了。"师父说："急什么，种子多着呢，吃不完，随遇。"半夜，一阵狂风暴雨。小和尚来到师父房间，他哭着对师父说："这下全完了，种子都被雨水冲走了。"师父答："冲就冲吧，冲到哪儿都是发芽，随缘。"日子一天天过去，昔日光秃秃的地上长出了许多新绿，连没有撒种子的地方也有小苗探出了头。小和尚高兴地说："师父，快来看呐，都长出来了。"师父依然平静如昔，说："应该是这样吧，随喜。"

这则故事告诉我们，人生无常，只要我们保持内心平静，那么，无论外面的世界如何变幻，我们都能不为情感所左右、不为名利所牵引，从而洞悉事物本质，坦然面对。

从这里我们可以看到，内心安宁，人就会活得更轻松。同时，内心安宁、不焦虑，也是让我们不断前进的保证。面对激烈的竞争，面对瞬息万变的环境，那些内心焦虑的人往往看不清自己，以至于不能及时察觉自身的缺点、尽快调整自己的发展方向，如此，必然会在学业和事业中落伍，最后被残酷的竞争淘汰。

## 心态悟语

下面的一些自我调节方法或许有助于你早日摆脱焦虑：

1. 挖掘出引起焦虑和痛苦的原因

研究发现，很多焦虑症患者患病是有一个过程的，他们的潜意识中长期存在一些被压抑的情绪体验，或者曾经受过某种心灵的创伤，并且这些焦虑症状早以其他形式体现出来，只是没有引起患者本人的重视。因此，生活中的我们，一旦发现自己有焦虑情绪，就应该及时自我调节，把意识深层中引起焦虑和痛苦的事情发掘出来，必要时可以采取适当的方法进行宣泄。

2. 尽可能地保持心平气和

有句俗语叫：欲速则不达。要摆脱焦虑最忌急躁。当然，对于那些患焦虑症的人来说，这很有难度。

3. 必须树立起自信心

那些易焦虑的人，通常都有自卑的特点。平时，他们多半会看低自己的能力而夸大事情的难度，一旦遇到挫折，他们的焦虑情绪和自卑心理就更为明显。因此，当我们发现自己的弱点时，应该重视并努力改正，绝不能存有依赖心理，等待他人的帮助。树立了自信心就不害怕失败，如果十次之中有一次成功了，我们就会自信一分，而焦虑也会减少一分。

## 抱怨永远不能解决问题

抱怨就像瘟疫一样在我们周围蔓延，生活中，喜欢抱怨的青少年不在少数，他们抱怨学习太累、父母太唠叨，甚至抱怨饭菜太差、衣服太难看等。因为抱怨，他们不仅使自己很烦躁，也使别人很不安。而实际上，抱怨对于事情的解决毫无益处，它只会让我们在忙碌中兜圈子。如果我们能心平气和地正视问题，理清自己的思绪，就能很容易找到解决问题的方法。

小李高考落榜后，在一家汽车修理厂工作。从他工作的第一天开始，他就对自己的工作不满，他不断抱怨："修理这活太脏了，瞧瞧我身上弄得。""真累呀，我简直讨厌死这份工作了。""要不是考试中出了点失误，我现在都是名牌大学的学生了。干修理这活太丢人了！"

每天，小李都在煎熬和痛苦中过日子，但他又害怕失去这份工作，于是，只要师父不在，他就偷懒耍滑，得过且过。

几年过去了，与小李一同进厂的三个工友凭着各自的手艺，或另谋高就，或被公司送进大学进修了。唯有小李仍旧在抱怨声中做他蔑视的修理工。

可见，无论我们做什么事，要想取得成绩，都必须投入全部的热情。如果你也像小李那样鄙视、厌恶自己的工作，对它投以"冷淡"的目光，那么，即使你从事的是最不平凡的工作，你也不会有所成就。

其实，没有一种生活是完美的，也没有一种真正让人满意的生活。如果我们不抱怨，而是以一种积极的心态努力进取，那么，收获的将会更多。如果我们养成抱怨的习惯，那么就像搬起石头砸自己的脚，于人无益、于己不利、于事无补，生活就成了牢笼，处处不顺、时时不满。所以，每个人都应该认识到：自由地生活着，其实本身就是最大的幸福，哪有那么多抱怨呢？

## 心态悟语

1. 生活是你的朋友，不是你的敌人。

2. 生活总有那么多不尽如人意的地方，就算生活给你的是垃圾，你也要努力把垃圾踩在脚底下，登上世界巅峰。

3. 每个人都应该各司其职，有自己的生活，无论是学习还是做其他事，这都是实现人生价值的方式，也是我们幸福的源泉。

# 释放压力，让自己轻松前行

在生活中，你是否遇到过这样的情况：清晨六点的闹钟把你惊醒，你很想再睡一会儿懒觉，但母亲已经敲门了，因为你在七点之前必须赶到学校。于是你草草吃了早饭，挤上了去学校的公交车，但还是迟到了十分钟，你被老师点名批评，当你打开书包，却发现昨天的作业忘带了……你倍感委屈，生活怎么这么艰辛？

其实，在生活和学习中，类似于这种影响大家心情的事情实在太多，如果我们处理不当，就有可能酿成人生惨剧。当然，如果一味地压抑这些负面情绪，问题也不会因此解决，同时，积压在身体内部的负面能量会不利于我们的身心健康，引发头痛、胃病等疾病，所以心情不好时千万不要压抑自己。

袁先生原本有个美满的家庭，但就在他30岁那年，命运跟他开了个玩笑：怀孕刚五个月的妻子在家中滑了一跤导致流产，这次流产导致妻子终身不能怀孕。整天郁郁寡欢的妻子，在一次交通意外中丧生。一段时间下来，袁先生心力交瘁，但他坚持努力工作，并同时担任了几个小公司的兼职顾问。虽然很劳累、很操心，甚至很压抑，但是，他从未曾流过一滴泪，朋友都夸袁先生是条硬汉！

后来，袁先生感觉自己的头总是很疼，吃了头疼药也无济于事。朋友推荐他去求助一位心理医生。心理医生告诉他，他内心的悲痛压抑太久了，如果想哭，就哭出来。在医生的建议下，他将压抑已久的苦楚全部以泪水的形式宣泄了出来，整个人也轻松了很多。

我们发现，袁先生之所以出现头疼的症状，与其长期压抑自己的悲痛心情有关，而通过哭泣，他的苦楚得到了宣泄，自然感到轻松很多。的确，生活中，我们都会遇到一些令心情不快的事情，甚至遭遇突如其来的变故，青少年朋友也不例外。当陷入消极情绪而难以自拔时，我们不能压抑自己，而应该找到适当的宣泄方式，如此才能及时卸下包袱、轻装上路！

## 心态悟语

以下几种方法能帮助你释放坏心情：

1.倾诉法

当你觉得内心憋闷、心情抑郁时，可以选择倾诉的方式来排遣，倾诉的对象可以是朋友、同学，也可以是亲人。消极的情绪得以发泄后，你的精神就会放松，心中的不平之事也会渐渐消除。当然，向朋友、亲人倾诉必须有一个前提，那就是他们要有一定的抗压能力。

曾有专家建议："无论是朋友，还是亲人，你都可以依赖。但是，你必须找到在你压力大时真的能帮助你的人。"如果你的朋友抗压能力还不如你，那么，对于你的苦恼，他是帮不上忙的，甚至他的心情也会被你传染。

2.哭泣

长时间以来，人们都认为，哭对人的健康有害。然而，科学家们新近的实验与研究给了我们一个迥然不同的结论：哭对缓解情绪压力是有益的。

心理学家曾经作过这样一个调查：心理学家将一群人分成两组，一组是血压正常者，一组是高血压患者。心理学家分别问他们是否哭泣过，结果表明，在血压正常的人中，有87％的人偶尔哭；而那些高血压患者说自己从不流泪。由此，我们发现，抒发情感比将心事深深埋在心里有益得多。

面对突如其来的灾祸、精神或身体上的打击，你都可以选择一个合适的场所放声大哭，这是一种积极有效的排遣紧张、烦恼、郁闷、痛苦情绪的方法。

3.摔打安全的器物

如枕头、皮球、沙包等，狠狠地摔打，你会发现，当你精疲力竭时，内心是多么畅快。

4.高歌法

唱歌，尤其是高歌，除了能够愉悦身心外，也是排解不良情绪的有效手段。

此外，青春期是容易引发心理问题的阶段，任何一个处于青春期的朋友都应该学会释放自己，只有时刻以积极、阳光的心态面对生活和学习，你才能拥有一个快乐的青春期！

# 换个心情，看到另外一道风景

我们都知道，人的一生总会遇到一些让我们紧张的事，比如，当众演讲、表演、面试等。我们常常会因为这些小事而坐立不安。实际上，问题的好坏还在于我们的心态。如果我们用轻松的心态面对，那么，结局往往是利于我们的；你越紧张，情况就越糟。

对于青少年朋友而言，你要学会修炼自己泰山崩于前而面不改色的淡定心态，这样，你就能以最佳的状态去解决各种问题。

玲玲从小就是个爱笑的女孩，现在的她已经上初三了。尽管中考临近，但她似乎一点也不紧张，每天还是笑容满面的。她的妈妈也不知道她每天怎么有那么多开心的事。她的回答是："我长得不比别的女孩差，成绩也不是很差，难道我要哭丧个脸吗？"听到女儿这么说，玲玲的爸爸很高兴，因为女儿很自信。

事实上，玲玲的学习成绩并不是很好，一直在班级中游徘徊，从小学开始就这样。但不知道为什么，一到大考，她好像总比平时发挥得好。同学们问她是怎么做到的，她的回答是："因为我相信自己能考好，没什么可担心的。"

中考很快来了，这天，当其他同学忧心忡忡地进入考场时，玲玲还是和平时一样轻松坦然。成绩发布后，不出大家所料，玲玲顺利考入了该市的一所重点高中。

故事中的主人公玲玲为什么运气那么好，逢大考必过？这与她放松的心态不无关系。

这个小故事告诉青少年朋友，很多时候，在你看来可能很严重的问题，实际上并没有那么糟糕，只要你换个心情、换个角度，你看到的就是另外一道风景。

## 心态悟语

青少年朋友们，当出现紧张的情绪反应时，你可以用以下方法来调适：

1. 坦然面对和接受自己的紧张

你应该想到自己的紧张是正常的，很多人在某种情境下可能比你更紧张。

不要与这种不安的情绪对抗，而应体验它、接受它。要训练自己像局外人一样观察自己的紧张心理，注意不要陷入其中，不要让这种情绪完全控制自己："如果我感到紧张，那我确实就是紧张，但是我不能因为紧张而无所作为。"此刻你甚至可以选择和你的紧张心理对话，问自己为什么这样紧张，自己所担心的最坏的结果可能是怎样的，这样你就能正视并接受这种紧张的情绪、坦然从容地应对、有条不紊地做自己该做的事情。

2. 积极暗示

德国人力资源开发专家斯普林格在其所著的《激励的神话》一书中写道："人生中重要的事情不是感到惬意，而是感到充沛的活力。""强烈的自我激励是成功的先决条件。"所以，你要学会自我激励，要经常告诉自己，我相信自己可以做到。如果你的心被自卑占据，那么，你已经输了。树立起自信，即使面对逆境，你也能泰然自若。这种强而有力的信心，便来自自信。换言之，自信是力量增长的源泉。

3. 做一些放松身心的活动

具体做法是：

（1）选择一个空气清新、四周安静、光线柔和、不受打扰、可活动自如的地方，选一个自我感觉比较舒适的姿势——站、坐或躺下。

（2）活动一下身体的一些大关节和肌肉，速度要均匀缓慢，动作不一定规范，只要关节放开、肌肉松弛就行了。

（3）做深呼吸，慢慢吸气，然后慢慢呼出，每当呼出的时候在心中默念"放松"。

（4）将注意力集中到一些日常物品上，比如，看着一朵花、一点烛光或任何一件柔和美好的东西，细心观察它的细微之处。与此同时，你也可以点燃一些香料，享受它散发的芳香。

（5）闭上眼睛，着意去想象一些恬静美好的景物，如蓝色的海水、金黄色的沙滩、朵朵白云、高山流水等。

（6）做一些与当前具体事项无关的自己比较喜爱的活动，如游泳、洗热水澡、逛街购物、听音乐、看电视等。

## 安下心来，就没有做不好的事

青少年朋友，也许你也在担心很多问题，如自己的学业、以后的前途等，但你需要记住的一点是，现阶段的你，最大的任务就是学习。而要想学习效率高，你就必须让心安静下来。"世界上怕就怕'认真'二字。"说的就是如果我们能安下心来认真做一件事情，就没有做不好的。我们先来看下面一个案例：

周末，宁宁在房间做作业，不知道为什么，他总是静不下心来，甚至看到书本上的字就烦，刚好，这会儿又是邻居家小雅练钢琴的时间。他甚至感觉到了小雅敲击琴键的声音，他还听到了楼底下大妈、阿姨们的说话。这些声音都充斥在他的耳朵里，他很厌烦。

这会儿，爸爸敲了敲门，走了进来，看到宁宁烦躁不安的样子，便问："孩子，怎么了？"

"爸，外面太吵了，我根本写不进去作业。"宁宁说。

"是吗？其实每个周末外面都有这些声音，小区搞活动的时候甚至比今天还热闹，那会儿，你不是都能安安静静地学习吗？"

"您说得也是，那我今天是怎么了？"

"其实，你学不进去是因为心不静，学习最重要的是静下心来，可能和马上中考有关，你害怕自己考不好。我看你这几天也睡不好、吃不下，想必都是因为这个吧。放下考试的压力，也许你就能心平气和了。"

"爸爸你说得对，但我该怎么减压呢？"

"你的压力就是中考这点事。其实，我和你妈妈从来没有要求你必须考上重点高中，你无须紧张，早上我还说带你去郊区的农庄走走，你说要做作业，我只好作罢。今天说好了，下周我带你去逛街，你不是看上了一双帆布鞋吗？买完东西我们再去看场电影，好不好？"

"嗯，听爸爸的……"

看到宁宁舒心的笑，爸爸终于放心了。

故事中的宁宁为什么在学习时总是静不下心来？是因为外部环境太吵闹吗？当然不是，正如他父亲所说的，环境还是那个环境，只是他心中有事，才静不下心来。其实，不仅是学习，无论做什么事，只有放下心中事，不再忧虑，才能做到"身心合一"。

## 心态悟语

那么，对于青少年朋友们来说，怎样才能让心安静、不再忧虑呢？

1.尝试着让自己安静下来

如果你的心无法安静，你可以尝试着换一下环境，然后闭上双眼，深呼吸，慢慢地放松，多尝试几次效果会更好。

2.对于复杂的问题多问问自己

如果你的忧虑是因为想的问题过于复杂，可以尝试着问自己，自己想这个问题究竟为什么，是什么让自己变成这样。几次之后，你就能了解自己的困惑，进而从心底去除这个杂念。

3.养成良好的睡眠习惯

如果你是"夜猫子"型的，奉劝你学学"百灵鸟"，按时睡觉按时起床，养足精神，提高白天的学习效率。

4.学会自我减压，别把成绩的好坏看得太重

一分耕耘，一分收获，只要我们平日努力了、付出了，必然会有好的回报，又何必让忧虑占据心头，自寻烦恼呢？

5.学会做些放松训练

舒适地坐在椅子上或躺在床上，然后向身体的各部位传递休息的信息。先从左脚开始，使脚部肌肉绷紧，然后松弛，同时暗示它休息。随后命令脚脖子、小腿、膝盖、大腿休息，一直到躯干。之后，用同样的方法再从右脚到躯干。然后从左右手放松到躯干。这时，再从躯干到颈部、头部、脸部全部放松。这种放松训练需要反复练习才能较好地掌握，一旦你掌握了这门技术，你便能在短短几分钟内进入轻松、平静的状态。

# 摆脱空虚，培养自己的爱好

现代都市生活中，很多人都觉得自己空虚、无聊、工作累，觉得什么都没劲。即使那些事业有成的人，他们每天忙里忙外，内心也依然很空虚。人们为什么会觉得空虚？因为缺乏自己真正的爱好。有爱好的人不会感觉空虚。有爱好，就有了自己的精神家园。不管外面如何风雨飘摇，他们回到精神家园，就能获得足够强大的心灵安慰。

青少年朋友们，虽然当下你们的主要任务是学习，但如果你们希望自己的生活与学习充满乐趣、心灵不再空虚，那么，就要学会培养自己的兴趣爱好。

萧伯纳是英国著名的剧作家，在他15岁的时候，由于家中贫困，支付不起学费，他只好辍学回家，开始走向社会。

在漂泊的那些年，他逐渐对文学产生了兴趣，他开始把所有的喜怒哀乐都寄托在文字上。但最初的创作过程并不是一帆风顺的。他曾经写过5部长篇小说，但都遭到了出版社的拒绝。后来他开始反思，并决定进行喜剧写作，但令人遗憾的是，他的作品还是不断地被拒。

虽然经历多次打击，但萧伯纳并没有放弃，而是相信自己的努力终究会有回报。终于，功夫不负有心人，1923年，萧伯纳创作了历史悲剧——《圣女贞德》。这部剧公演后获得了空前成功，被认为是最佳的历史剧。

1925年，因为他在文学上的巨大成就，瑞典皇家学会授予他诺贝尔文学奖。萧伯纳成了享誉世界的伟大作家。

一个中途辍学的孩子，经历无数苦难，最终却成为世界级的大文豪，这说明兴趣能带来强大的力量。一个人有了兴趣，就会激发出源源不断的热情，就不会无所事事，就会找到前方的路。同时，有了兴趣，我们就能拥有积极向上的心态，就能克服很多困难。

但是，我们毕竟是吃五谷杂粮的凡人，烦心的事不可避免。只是，我们一定要培养几项兴趣爱好，如画画、看书、做瑜伽、听音乐、唱歌、看风景……值得一提的是一定要多看书，毕竟"腹有诗书气自华"。另外，聆听过古典音乐的耳朵、欣赏过世界名画的眼睛、吟诵过唐诗宋词的嘴巴，都会让你变得优雅起来！

# 心态悟语

青少年朋友们，你可以培养的兴趣爱好有很多，比如：

1. 听音乐

音乐能以动感的声音表现出情感。它所蕴含的宁静致远、清淡平和，可以使终日奔忙、身心俱疲的人得到彻底的放松。身处现代都市中的人，一定要懂一点音乐。在音乐的圣殿中，我们能暂时忘记生活的烦琐、不顺心，能获得音乐给予我们的心灵滋养。音乐是一种可以抚慰心灵的媒介，它可以和心灵产生共鸣，并把不良情绪释放出来；它还可以让你浮躁的内心恢复平静。

2. 运动

日常生活中，只要我们多参加运动，适当调节自己，就能获得快乐的心情。因为运动的效果是积极的，它可以激发人积极的情感和思维，从而抵制内心的消极情绪。此外，运动时能促进大脑分泌一种化学物质——内啡肽。内啡肽可以帮助我们降低抑郁、焦虑、困惑以及其他消极情绪，通过改善体能，也能令我们增强自我掌控感、重拾信心。

3. 阅读

读你感兴趣的书、读使人轻松愉快的书，在读时可以漫不经心，随意翻阅。但抓住一本好书，则要爱不释手。阅读时，尘世间的一切烦恼都会被抛到脑后。

4. 做好事

做好事能够帮你获得快乐、平衡心理。做好事，你的内心会得到安慰、感到踏实；别人作出反应，自己得到鼓励，心情也会愉快。从自己做起，与人为善，这样才会有朋友。在别人需要帮助时，伸出你的手，施一份关心予人。仁慈是最好的品质，你不可能去爱每一个人，但应尽可能和每个人友好相处。

# 赶走抑郁，让自己快乐起来

有人说，人生如同一次征途，我们独步人生难免要面对种种困难。在困难面前，我们难免悲观失望，甚至看不到一点曙光。但如果我们能得到朋友的鼓励和支持，就会重获力量，闯过难关。专家研究得出：人际关系不好，性格孤僻、有缺陷的人，容易得抑郁症。抑郁又会进一步使人际关系恶化，这是一种恶性循环。

小刘是一名品学兼优的学生，他就快硕士毕业了，但一直以来，他的心里都有解不开的结。毕业前，他终于向他多年的好友敞开了心扉。

"其实，以前我的人际关系很好，包括现在，我的人际关系也很好，看起来我一直比较乐观阳光。只是一件事，我一直为此痛苦不已，我是乙肝病毒携带者。我自卑过，担心自己即使念到硕士也找不到工作，因为我是从山沟里走出来的，我怕父母失望。我一直认为，这病是最痛苦的事情了，没想到，和李继的事比，我的病根本不算什么。上星期，我们班的李继出车祸了，居然一夜之间成了残疾人。这时我才发现，自己比他幸福得多。能跟你坦白这些，我心里舒服多了。"

很多数据和事实一再说明了这样一个令人遗憾和痛心的现象：有心理障碍并想不开的人，他们中大多数从来没有寻求过心理帮助。很多艺人之所以自杀，就是因为他们有太大的心理压力而又不向朋友倾诉。现实中，多数人总是回避自己的心理问题，不敢正视和面对它，没有积极地进行规范化治疗，结果导致悲剧屡屡发生。

每一个青少年朋友都不能忽视抑郁这一问题。生活中，如果你有如下几大症状，请引起重视：

（1）大部分时间感到沮丧或忧愁；

（2）缺乏活力，总是感到累；

（3）对曾经喜欢做的事情缺乏兴趣；

（4）体重急剧增加或下降；

（5）睡眠方式的巨大改变（不能入睡、长睡不醒或很早起床）；

（6）有犯罪感或无用感；

（7）无法解释的疼痛（甚至身体上没有任何毛病）；

（8）悲观或漠然（对现在和将来的任何事情都毫不关心）；

（9）有死亡或自杀的想法。

如果出现上述情况，你一定要引起重视，这表明你抑郁了。抑郁会严重困扰你的生活和学习，给家庭和社会带来沉重的负担。它会侵蚀你的积极情绪，使你对周围人丧失关爱。能否敞开心扉是治疗抑郁症的关键。为什么抑制症患者很难做到这一点？因为他们有某种心理上的顾忌，他们不愿意承认自己有抑郁症，更别说积极主动配合医生的治疗了。

## 心态悟语

青少年朋友们，如果你抑郁了，该如何向朋友寻求帮助呢？

1. 寻找值得信任的朋友

只有值得信任的朋友才会为你保密，真心地帮你解开心结。

2. 不要为朋友带来困扰

你寻求帮助的朋友必须内心坚强，如果他比你更容易产生抑郁情绪，那么，你只会为他带来困扰。

3. 必要时应该寻求心理医生的帮助

如果你觉得朋友并不能帮助你摆脱抑郁，那么，你应该说服自己，让心理医生来为你解惑答疑。

# 心理调节，
# 跟消极情绪说再见

我们都知道，人是情绪化的动物，情绪对我们的生活和命运具有决定性作用。积极的情绪会引导我们以正确、恰当的方法做人做事，走向成功；相反，在消极情绪的引导下，我们可能会因做错事而追悔莫及。青少年朋友的情绪很容易受周围的人和事影响，因此，每一个青少年朋友都必须学会做自己情绪的主人，并掌握一些摆脱坏情绪的方法。只有这样，你才能避免因不当的发泄而给自己和他人造成困扰。

## 抑制自己的愤怒，修炼良好的性格

马克·吐温说："世界上最奇怪的事情是，小小的烦恼，只要一开头，就会渐渐地变成比原来厉害无数倍的烦恼。"而对于智者来说，面对烦恼，他们不会愤怒，因为他们深知，愤怒是十分愚蠢的行为，只会让自己陷入恶性循环。

对于青少年朋友来说，应把控制自己的情绪、抑制自己的愤怒作为修炼良好性格的重要方面。当你遇到了不快的事情即将发火时，请告诉自己，如果我原谅他了，我的品质又提升了一步，这样一想，自然就压制了要发火的倾向。

一位德高望重的长老，在寺院的高墙边发现一把椅子，他知道有人借此越墙到寺外。长老搬走了椅子，凭感觉在这儿等候。午夜，外出的小和尚爬上墙，再跳到椅子上，他觉得椅子不似先前硬，软软的甚至有点弹性。落地后小和尚定睛一看，才知道椅子已经变成了长老。原来他跳在长老的身上，后者是用脊梁来承接他的。小和尚仓皇离去。这以后的一段日子里，他诚惶诚恐等候着长老的发落。但长老并没有这样做，压根儿没提及这件"天知地知你知我知"的事。小和尚从长老的宽容中获得启示，他收住了心，再也没有去翻墙，通过刻苦的修炼，成了寺院里的佼佼者。若干年后，他成了寺院的长老。

这个小故事我们早已耳熟能详，它一直向我们昭示着一个道理：宽容是一切事物中最伟大的行为。我们在接受别人的长处之时，也要接纳别人的短处、缺点与错误，这样，我们才能真正地与人和平相处，社会才会和谐。

英国著名作家培根曾经说过："愤怒，就像是地雷，碰到任何东西都会一同毁灭。"如果你不注意培养自己忍耐、心平气和的性情，一旦遇到导火线就暴跳如雷、情绪失控，就会把你自己的人缘全都炸毁。

所以，每一个青少年朋友都需要告诉自己，"发火前长吸三口气"。事实上，很多事情都没有你想象得那么严重。如果不能控制自己的情绪，随意大发脾气，不仅解决不了问题，还会伤了人与人之间的和气。

## 心态悟语

那么，青少年朋友们应该如何完美地处理生活中遇到的愤怒呢？

### 1. 认识自己发怒的原因

当你的情绪稍微冷静以后，你可以试着查找自己发怒的原因。你是否因为同学总是对你的体重或发型冷嘲热讽而气恼不已？你的朋友是否在背后说了你的坏话？事先想好发生这种情况时消除怒气的方法。

### 2. 使用建设性的内心对话

赫尔明指出："许多怒火中烧的人会不分青红皂白责备任何人和事，什么车子发动不了啦，孩子还嘴啦，别的司机抢了道啦之类。使怒气徘徊不去的是你的消极思维方式。"既然想法是导致情绪的主要原因，那么，如果你是个容易愤怒的人，就应该加强内心的想法，准备一些建设性的念头以备不时之需。例如，"我在面对批评时，不会轻易地受伤""不论如何，我都要平静地说，慢慢地说"等。

当你能熟练这些灭火步骤时，你就会发现，自己花在生气上的时间越来越少，而花在完成工作上的时间也就相对地越来越多了。必定有用！只要你肯去试。

### 3. 不要说粗话

不管你说的是"傻瓜"还是更粗野的词语，一旦开口辱骂，就把对方列为了自己的敌人。这会使你更难为对方着想，而互相体谅正是消弭怒气的最佳秘方。

的确，愤怒是一种大众化的情绪——无论男女老少，愤怒这种不良情绪都在毒害着我们的生活。因此，如果你常常动怒，那么，最好学会以上几点调节情绪的方法，从而熄灭愤怒的火焰。

## 朋友间可以竞争，但不能争斗

美国著名心理学家布鲁纳曾经指出，好胜的内驱力可以激发人的成就欲望，但如果人不能正确地认识竞争，就会导致在相互竞争中产生嫉妒心理。忌妒心过于强烈，且任其发展，则会形成一种扭曲的心理：心胸狭窄，喜欢看到别人不如自己，并喜欢通过排挤他人来取得成功。所以，任何一个青少年朋友，都应该积极参与同学、朋友间的竞争，但千万别让妒火焚伤自己。

在某小区门口，两个中年妇女在讨论自己的孩子："现在的孩子，怎么小小年纪就有忌妒心呢？对门张姐的女儿成绩好，我无意中夸了一句，女儿就愤愤不平地说：'老师包庇她。'起初我并没当回事。期末考试前，那女孩的几张复习试卷丢了，就来我们家，向我女儿借试卷复印。女儿一口咬定卷子借给表妹了，可是女儿根本就没有表妹。而且那天晚上，我看见女儿的书桌上竟然有两份复习试卷，很明显，那女孩的试卷被女儿偷了。我当时真是六神无主了，女儿怎么会这样呢？我意识到问题的严重性，焦虑万分，因为任何思想成熟的人都明白忌妒是思想的暴君、灵魂的顽疾，我想帮助女儿改掉忌妒的陋习，可我真不知道该怎么办！"

其实，对于青春期的孩子来说，他们已经有了升学的压力，开始明白了竞争的重要性；同时，也会不自觉地与他人作比较。一旦发现自己在才能、体貌或家庭条件等方面不如别人时，就会产生一种羡慕、崇拜、奋力追赶的心理，这是上进心的表现。但因为青春期孩子心理发展尚未成熟，对自己各方面能力还认识不足，所以遇上比自己能力强的人就会感到不安，很容易产生忌妒心理。忌妒是对才能、成就、地位以及条件、机遇等方面比自己强的人产生的一种怨恨和愤怒相交织的复合情绪，也就是通常所说的"红眼病"。

所以，尚在成长中的青少年朋友，你应该学会正确地看待他人的成绩，要学会赶超，切勿忌妒。

## 心态悟语

要消除忌妒心理，青少年朋友们需要做到：

1. 认识到忌妒心理的危害

人与人相处，难免会相互比较，比较之下，就容易产生忌妒心理。日本《广辞苑》为忌妒下的定义是："忌妒是在看到他人的卓越之处以后产生的羡慕、烦恼和痛苦。"要知道，忌妒之心会毁坏友谊，损害人际关系，甚至毁灭生活的安逸。

2. 努力克服忌妒心理

具体来说，你应该做到：

（1）努力学习是获胜的基础。要想在竞争中获胜，必须通过努力学习，掌握比别人过硬的本领。

（2）承认差异，奋进努力。现实中的人必然是有差异的，不是表现在这方面，就是表现在那方面。一个人承认差异就是承认现实，要使自己在某方面好起来，只有奋进努力，忌妒于事无补，而且会影响自己的奋斗精神。

（3）拓宽自己的心胸。好胜是个人心理结构中"我"的位置过于膨胀的具体表现，总怕别人比自己强、对自己不利。只有摒除私心杂念、拓宽自己的心胸，才能正确地看待别人、悦纳自己，即常说的"心底无私天地宽。"

（4）形成正确的自我认识。青春期正是身心发展的黄金阶段，因此，青少年朋友应该学会全面地看问题，要学会对自己和他人进行正确的评价。"金无足赤，人无完人。"每个人都有自己的长处，也有自己的不足。父母不但要正确地认识孩子，还要帮助孩子形成正确的自我认识。

（5）充实自己的生活。如果学习、生活的节奏很紧张、很充实，也很有意义，你就不会把注意力局限在忌妒他人身上。因此，你应该学会充实生活，多参加一些有意义的活动，转移注意力，把精力放在学习和其他有意义的事情上。

（6）快乐之药可以治疗忌妒。你要努力从生活中寻找快乐，就像忌妒者随时随处为自己寻找痛苦一样努力。如果一个人总是想：比起别人可能得到的欢乐，我的那一点快乐又算得了什么呢？那么，他就会永远陷入痛苦之中，陷入忌妒之中。

## 冲动是魔鬼，会让自己一败涂地

我们都是感性的动物，心情的好坏常常被周围的一些人和事影响。有些人甚至是情绪化的，他们的情绪似乎总是不受自己控制，于是，他们起伏于这种恶性失衡之中，常常陷入自相矛盾的境地，失去了正确的判断力。而那些成功者则能自控，无论外界怎么变幻，他们总能以理智的心态面对，他们有着很强的自律能力。青少年朋友们，现在的你们年轻气盛，容易冲动，但请记住：冲动是魔鬼，会让自己一败涂地。从现在起，一定要做到自制，理智思考并克制自己的情绪。

曾经有这样一个故事：

有一个经验丰富的高级间谍被敌军抓住了。他想，要想逃脱，就必须装聋作哑。当然，敌军也怀疑他是否真的不会说话。于是，他们开始运用各种方法盘问他，无论是诱惑还是欺骗，他都不为所动。最后，敌军审判官只好说："好吧，看起来我从你这里问不出任何东西，你可以走了。"

这个间谍心里当然明白，这只不过是审判官检验他是否说谎的一个方法而已。因为一个人在获得自由的情况下内心的喜悦往往是抑制不住的，如果他听到审判官的话后立即表现得很愉快或者激动，证明他听得到审判官的话，那么，他就不打自招了。因此，他还是站在原地，等待反复审问。最后，这名审判官不得不相信，他真的不是间谍。就这样，有经验的间谍以他特有的自制力生存了下来。

看完这个故事，我们不得不惊叹：多么精明的间谍！俗话说：态度决定一切。这就是说，一个人的情绪糟糕，容易冲动，往往会把一切事情都办砸。即使遇到了好事或良机，也会因为不良的情绪产生无形的压力，阻碍自己能力的充分发挥，以致错过这些机遇。

的确，在生活中，我们难免遇到各种各样的事情，难免会冲动，做一些不该做的事情，以至造成许多令人遗憾的后果。因此，不管遇到什么事情，让自己冷静地思考一下，哪怕只是短短的几秒钟，也许结果就会完全不一样了！

## 心态悟语

青少年朋友们要遏制冲动，千万别让冲动毁了你。具体来说，你需要做到：

1. 冷却情绪

美国一位社会心理学家对容易发怒的人提出了这样一个建议：试试推迟你的动怒时间。一旦你意识到可以推迟动怒时间，你便学会了自我控制。推迟动怒也就是控制愤怒。经过多次练习后，你便知道如何消除愤怒。

在气头上，你很容易因冲动而做错事。因此，你首先应该冷静，为自己的情绪降温。具体来说，你可以尝试以下几种方法：

（1）数数法。这里的数数不要按照常规数字顺序，因为这样做并不会启动我们的理性程序，而应该打乱顺序，如1、4、7、10……这样一来，你的理性思考能力就可渐渐恢复了。

（2）描述法。比如，你可以这样描述，这个茶杯是黄色的、他穿的毛衣是黑色的，或数10至121个物休的颜色，之后你会发现自己冷静多了。

2. 理智思考，替换非理性的"自发性念头"

你要明白的一点是，真正让你产生不良情绪的是你的想法，而不是别人的行为。换句话说，不是发生了什么事，而是我们如何解释事件，是我们的思考方式决定我们产生的情绪。

例如，你可以告诉自己："我知道我的能力是极佳的，不会因为你一句话而影响我！"这样自我暗示，愤怒自然会被其他情绪替代。

3. 你可以使用建设性的内心对话

既然想法是导致情绪的主因，容易动怒的人就应该准备一些建设性的念头以备不时之需。例如，"不论如何，我都要平静地说，慢慢地说""我才不会生气，生气就等于暴露了自己"等。

# 打破自卑的枷锁，找回自信

俗话说：金无足赤，人无完人。能否接纳自己是衡量一个人心理状况是否积极和健康的一项重要指标。新时代的青少年朋友们，如果你是个自卑的人，那么，从现在起，你必须重新认识自己，打破自卑的枷锁，找回自信。

1942年，史蒂芬·威廉姆·霍金出生于英格兰。很难想象，年仅20岁的他就患上一种肌肉不断萎缩的怪病，整个身体能够自主活动的部位越来越少，以致最后永远地被固定在轮椅上。可他并没有因此而中断学习和科研，一直以乐观的精神和顽强的毅力攀登着科学的高峰。

霍金从牛津大学毕业以后，长期从事宇宙基本定律的研究工作。他在所从事的研究领域中，取得了令世人瞩目与震惊的成就。

在一次学术报告上，一位女记者登上讲坛，提出一个令全场听众十分吃惊的问题："霍金先生，疾病已将您永远固定在轮椅上，您不觉得命运对您太不公平了吗？"

这显然是个触及伤痛并难以回答的问题。顿时，报告厅内鸦雀无声，所有人都注视着霍金，只见霍金头部斜靠着椅背，面带安详的微笑，用能动的手指敲击键盘。人们看到了这样一段震撼心灵的回答："我的手指还能活动，我的大脑还能思维，我有我终生追求的理想，我有我爱和爱我的亲人和朋友。"

报告厅里响起了长久的热烈的掌声，那是人们从心底迸发出的敬意和钦佩。

科学巨人霍金再次向我们证明：即使你满身缺点，你还有引以为豪的优点，这些优点一样可以让你自信。的确，没有人是毫无缺点的，只是在于我们如何看待自己的缺点。如果我们将缺点无限放大，那么，它将腐蚀我们的心，阻碍我们成功；如果我们能正视缺点，并在心里把缺点限制在一定的范围内，它就会成为我们努力和奋斗的催化剂，助我们成功。

## 心态悟语

青少年朋友们，你可以用以下方法来打破自卑的枷锁：

1. 运用补偿心理超越自卑

这种补偿，其实就是一种"移位"，即克服自己生理上的缺陷或心理上的自卑，而发展自己其他方面的长处、优势，以赶上或超过他人的一种心理适应机制。正是在这一心理机制的作用下，自卑感成了许多人成功的动力，成了他们超越自我的"涡轮增压"。

2. 昂首挺胸，快步行走

许多心理学家认为，人们行走的姿势、步伐与其心理状态有一定关系。懒散的姿势、缓慢的步伐是情绪低落的表现，是对自己、对工作以及对别人不愉快感受的反映。步伐轻快敏捷、昂首挺胸，会给人带来明朗的心境，会使自卑逃遁、自信顿生。

3. 学会微笑

我们都知道笑能给人自信，它是医治信心不足的良药。如果你真诚地向一个人展颜微笑，他就会对你产生好感，这种好感足以使你充满自信。正如一首诗所说："微笑是疲倦者的休息，沮丧者的白天，悲伤者的阳光，大自然的最佳营养。"

总之，我们要明白，站在人生的舞台上，你真实的表演并非为博得别人的掌声，更多的是为了自己心灵深处得到快慰。

4. 以自己的方式追求自我

的确，青春期是一个个性张扬时期，尤其是初、高中阶段的你们更主张"个性解放"，因此，你完全可以留自己喜欢的发型、听自己喜欢的流行音乐、说家长们听不懂的流行语……

## 把困难当成提升自己的机会

我们都知道，人无完人，每个人都难免会犯错，但人也有知错就改的优点，人们大多数都能从错误中吸取教训，找到错误的根源，从而避免再犯。因此，青少年阶段的你们，在错误面前，不必自责，而应该学会总结经验教训。你要明白的是，反思可以让你成长，但反悔无济于事。你需要做的就是，不断反思自己的过失，在反思中进步。

曾经有两个年轻人失业了，他们来找拿破仑·希尔，向他询问如何才能变得积极起来。希尔说："我记得刚开始时，我供职于一家信息报道公司，这家公司的待遇并不好，不过我已经很满足了。后来，公司因为业绩不怎么样，不得不裁员，像我这样对公司毫无用处的人自然就在裁员之列了。果然，不久后，我就收到了公司的裁员通知。刚开始，我真是万念俱灰，我失业了，我不知该怎么接受。但很快，我冷静下来，我发现，离开这个工作岗位是有好处的，因为我不喜欢这份工作，也不会有什么大作为，我只有离开这儿，才能找份好工作。果然，不久我便找到一个更称心的工作，而且待遇比以前好很多。因此我发现被辞退，居然是件好事。"

拿破仑·希尔总结，把失败转为成功，往往只需要一个想法和一个行动。我们发现，那些成功者，他们都是勇敢的、理智的，即使遇到了困难，他们也不会退缩，而是化悲痛为力量，把困难当成提升自己的机会。

有人说，人生像一只口袋，当封上袋口的时候，人们发现，里面装的全是没有完成的东西和令人遗憾的东西。但即使如此，我们也不要一味地沉浸在悔恨和遗憾中，如果陷入悔恨中，你就无法取得新的进步。

每一个青春期的孩子，若想取得进步，就要走出悔恨和自责的心理误区，你应学会勉励自己："我要振作精神，跟命运搏斗，我要化痛苦为力量，设法有所建树。"实际上，在困难面前，我们停下来，歇歇脚步，自我反省一下，更利于我们看到自己的不足。

## 心态悟语

当然，在犯错之后，你难免心情不佳，要化失败为动力，你可以采取以下方法：

（1）仔细分析现状，找到自己的问题，不要怪罪于任何人。

（2）重新制定一份计划，必须考虑到前一次失败的原因。

（3）不妨想象一下自己获得成果的欢愉场景。

（4）收藏那些让你不快的记忆，把它们变成你未来成功的肥料。

（5）重新出发。

你必须再三践行这五个步骤，才能如愿达成目标。重要的是，每尝试一次，你就增加一次收获，并离目标更近一步。

# 敞开心扉，摆脱孤僻的烦忧

我们都知道，人离不开社会，任何人都需要与人接触、交流，才能获得友谊和快乐。然而，我们发现，现实中有这样一类人：他们因容貌、身材、修养等因素而不敢与周围的人交往，逐渐产生孤僻心理。社会心理学家经过跟踪调查发现，在人际交往中，心理状态不健康者相较于心理健康者，往往更难获得和谐的人际关系，也无法从这种关系中获得满足和快乐。

周五的最后一节课，语文老师给大家布置了一篇话题作文，以"我最烦恼的事"为题目。第二周的作文课上，老师点评了一篇作文，是班上一个学习成绩较好的女生写的，其中有这么一段：

"我是一个女生，性格还是比较外向的，长相虽然算不上出众，但是自我感觉还可以。学习也不错，班里前十名，可就是人缘不好，可能是我比较好强，看到别的女生周围有一堆男女生和她说话，我就有点不自在。女生还好点，尤其是男生，好像都很反感我，看到他们和别的女生打闹，我也想参与，却不知道怎样加入他们。听我一个好朋友说，她的同桌跟她说对我比较反感，也没有说原因，还说不许我那个好朋友告诉我。虽然我知道了，但是我很无奈，或许是因为我说话的缘故吧。因为我真的不知道该怎样和男生们交谈，怎样才能让别的同学喜欢和自己说话、和自己有共同语言。我到底该怎么办？"

可能很多青春期的孩子都为人际关系而苦恼，想与人交往，但又不敢迈出第一步，害怕被人笑话。其实，心理障碍是造成你人际关系不好的重要原因。孤芳自赏就是不健康心理的表现之一，究其原因，不外乎胆怯、害羞、自卑等。事实上，只要你大方一点，敞开心扉，摆脱孤僻的烦忧，你就能找到交往的乐趣。

## 心态悟语

那么，青少年朋友们应如何消除孤僻心理呢？你应注意做到以下几点：

1. 完善个性品质

其实，只要你拥有良好的交往品质，走出恐惧的第一步，就能受到朋友们的喜欢，慢慢地心结也就解开了。"人之相知，贵相知心。"真诚的心能使交往双方心心相印，彼此肝胆相照，真诚的双方能使友谊地久天长。

2. 正确评价自己和他人

孤僻的人一般不能正确地评价自己，要么认为自己不如人，怕被别人讥讽、嘲笑、拒绝，以至把自己紧紧地包裹起来，保护着脆弱的自尊心；要么自命不凡，不屑于和别人交往。孤僻者需要正确地认识别人和自己，多与他人交流思想、沟通感情，享受朋友间的友谊与温暖。

首先要自爱才有他爱，自尊而后有他尊。自信也是如此，在人际交往中，自信的人总是不卑不亢、落落大方、谈吐从容，而非孤芳自赏、盲目清高。自信的人对自己的不足有所认识，并善于听从别人的劝告与建议，勇于改正自己的错误。

3. 培养健康情趣

健康的生活情趣可以有效地消除孤僻心理。利用闲暇时间潜心研究一门学问或学习一门技术，写写日记、听听音乐、练练书法，种草养花等都有利于消除孤僻。

4. 学习交往技巧

你可以多看一些有关人际交往类的书籍，多学习一些交往技巧，同时把这些技巧运用到人际交往中。长此以往，你会发现，你的性格越来越开朗，你的人际关系也越来越融洽；同时，你会收获不少知识，认知上的偏差也能得到纠正。

# 学会宽容，放下仇恨

人类是这个世界上情感最为复杂的动物，人们宽容、善良，有爱心，但也有一些负面的情感，比如，恨。仇恨是人类情感的毒素，伤害别人，也伤害自己。刚刚步入人生之路的青少年朋友们，要不断培养自己宽广的胸怀，以包容的心对待生活中的人和事，不让仇恨有可乘之机，如此，你不仅能得到他人的认可，更能获得快乐。

在热带海洋，有一种奇异的鱼，名叫紫斑鱼。它的奇异之处并不在于它身上的斑，而是它浑身长满了毒刺。

它们常常因为愤怒而用这些刺去攻击其他海洋生物，它们的内心越是仇恨，这种刺散发的毒性就越大，对其他生物的危害就越大。从紫斑鱼的正常生理机能来看，一条紫斑鱼一般能活到七八岁，但实际上，紫斑鱼活不过两岁，这是为什么呢？

问题还是在这些毒刺上：紫斑鱼利用这些毒刺攻击其他生物时，越是满怀"仇恨"，对别的鱼类伤害越深，对自己的伤害也就越深，因为它心中的"怒火"使自己五脏俱焚，一命呜呼。

然而，世间万物，被自己所伤的、自己败给自己的，又岂止是紫斑鱼呢？那些总是满怀仇恨的人，那仇恨之火不也在伤害他们自己、毁灭他们自己吗？

仇恨就像一粒种子，它最终会结出人际间的不信任、敌意、怀疑之果。如果仇恨的种子被到处播散，那么，不仅会危害到单个人的生活，还会影响到整个社会。心怀爱与悲悯之人，如同天使有着洁白的翅膀；而心怀仇恨之人，则如同魔鬼有着可憎的面目。人类历史上，战争、迫害、屠杀等各种残忍行为的不断上演，正是因为仇恨的存在。

有句话说："谨慎使你免于灾害，宽容使你免于纠纷。"青少年朋友们，在纠纷面前，你要学会宽容别人。宽容是种高尚的善意，它能让人换位思考，处理好人际关系。若无宽恕，生命将被永无休止的仇恨和报复所控制。只有善于团结，才能得到友善的回报！

## 心态悟语

具体来说，青少年朋友们可以用以下这些方式来排解内心仇恨：

1. 转换角度，找出事情良性的一面

每件事情都有两面性，有好的一面，也有坏的一面。人之所以仇恨，就是因为人只看见了坏的一面，如果你试着看好的一面，仇恨也许就会消除。

在排解内心仇恨的时候，你可以尝试说服自己：他之所以这样做，是有一定缘由的，我应该原谅他。然后慢慢地让自己接受现实，从心底理解和原谅他人，进而使仇恨情绪随着时间的推移逐渐淡去。

2. 学会宽容，懂得忍耐

很多时候，我们都需要宽容，宽容不仅是给别人机会，更是为自己创造机会。只有忘记仇恨、宽宏大量，才能与人和睦相处，才会赢得他人的友谊和信任，才会赢得他人的支持和帮助。"念念不忘"别人的"坏处"，最受其害的就是自己。

3. 找到令自己快乐的钥匙

在我们每个人的心中，都有一把"快乐的钥匙"，但很多时候，我们却把这把钥匙的掌管权交给了别人。因此，我们的情绪很容易被周围的人、事、物影响，但你千万要记住，让你快乐的，始终是你自己。如果你的内心开始"恨"一个人，那么，你不妨记住：生活中有太多的值得你去倾注热情的快乐之事，大可不必为自己的假想敌劳神费心。

# 磨难是强者的垫脚石

青少年朋友们，你是否曾遭遇过失败？你是否曾考试失利？你的健康是否出现过问题？你是否意志消沉过？你是否曾努力学习但仍旧没有取得好成绩？其实，你不要害怕，即使遇到这些情况也不能阻挡你达成最后的目标，失败是我们获得成功的一小段插曲。伟大的成功通常都是由无数次痛苦、失败铸成的。大剧作家兼哲学家萧伯纳曾经写道："成功是经过许多次的大错之后得到的。"

一位画家把自己的一幅佳作送到画廊里展出，他别出心裁地放了一支笔，并附言："观赏者如果认为这画有欠佳之处，请在画上做上记号。"结果画面上被作满了记号，几乎没有一处不被指责。过了几日，这位画家又把同样的画拿去展出，不过这次附言与上次不同，他请观赏者将最为欣赏的妙笔都标上记号。当他再取回画时，看到画面又被涂满了记号，原先被指责的地方，都换上了赞美的标记。

这位画家不受他人的影响，自信而不自满，善听意见却不为意见所左右，执着但不偏执，表现出了一个自信的人所应有的风范。画家的事迹，就是本篇主题的一个很好的说明。如果画家在受到指责之后，沮丧不已，认为自己不行，他可能就此消沉下去，没有信心继续从事美术创作了。

"天将降大任于斯人也，必先苦其心志，劳其筋骨，饿其体肤……"磨难是人生中不可缺少的插曲。一个人要想有所作为就必须经历一番磨难，而且比正常人多得多。磨难，能启迪人的智慧，铸就成功。没有磨难的人生是枯燥的，是不完整的。然而，并不是所有人都能正视磨难的作用，因此，也并非人人都能真正从磨难中有所收获。面对磨难，有人更坚强，更富有战斗力；有人则因此消沉，甚至堕落，变得麻木不仁。正如一位哲人所说：磨难对强者是垫脚石，对弱者却是万丈深渊。那么，青少年朋友们，你的态度是什么呢？

## 心态悟语

青少年朋友们，如果你希望成为生活的强者，你就要正视失败，摆脱消沉情绪，为此，你需要做到以下两点：

1. 选择你的态度

当身陷逆境时，你可以选择两种截然不同的态度，消极被动地害怕和逃避，或者积极主动地面对和接受。若心存消极态度，那么，你将被局面控制；而积极主动，则能控制局面。如果你希望通过自己的努力使自己变得强大，同时让自己变得更完美，就必须选择积极主动的态度，如此，逆境这朵"浮云"自然会被你驱出心灵的天空。

2. 反省自己

事已至此，你无法控制，但你可以控制自己的内心，让自己内心变得强大的方法就是反省自己。你需要问自己的是，为什么这件事不发生在别人身上，而发生在自己身上？我有哪些地方做得不好？我应该怎样找到一个适当的、合理的方法去改进它？

时刻反省和觉悟，以及保持积极的心态，你就能一点点地拆开严实的包装纸，发现里面珍藏的真正的生命礼物。

# 放下悲伤，乐观地面对生活中的挑战

人生苦短，有喜就有悲，只有放下悲伤，让内心装满快乐，才能轻松上路。同样，处在性格形成期的孩子们，你必须学会历练自己，学会自我调节，这样，在荆棘密布的人生道路上，无论命运之神把你抛向任何险恶的境地，你都能积极、快乐地生活！

1985年9月19日清晨7时19分，墨西哥西南岸外太平洋底发生了8.1级强震，震波约2分钟到达墨西哥城。顿时，该城剧烈颤动，仅仅90秒钟的时间里，市中心30%的建筑物化为瓦砾。在这次地震发生前几小时，可爱的胡安娜·哈斯敏·阿利亚斯出生了。在那场灾难中，她失去了妈妈，但同时她又是幸运的，因为她是当年警察和士兵们从墨西哥城华雷斯医院废墟里救出的第一个孩子。

长大后，胡安娜接受了墨西哥城特意成立的一个心理医生小组的治疗，积极的心理治疗让胡安娜跨过了那道艰难的坎。

爸爸因为无法承受失去妻子的痛苦而和年幼的胡安娜疏远。一直以来，她都住在姨妈家中。当别人问胡安娜"那场灾难让你失去了母亲，你有什么想法"时，胡安娜并不觉得又一次被触碰了伤疤，她反而觉得自己和身边的其他人没有什么不一样。对她而言，抚养她长大的姨妈给了自己全部的爱，就和母亲一样。妈妈能给予的，姨妈也毫无保留地给予了她。

胡安娜说，正因为知道自己能活下来是生命的奇迹，所以她要努力"朝前看"。后来，胡安娜完成了在墨西哥工业技术研究和服务中心的时尚设计课程，她希望在政府专项帮助"奇迹婴儿"项目资金的支持下，再去学习英语，并上完大学课程。

的确，胡安娜的心态是值得很多人学习的，灾难已经发生，就不要再回首，否则，你又会想起以前不幸的经历，伤疤会被重新揭开，隐隐作痛。把头抬起来，天空依然星光灿烂。苦难有时会置人于死地或让人颓废，但有时也会使人爆发巨大的潜能，快速地成长。

每个青少年朋友都要向胡安娜学习，无论你在生活中遇到什么，你都要乐观，抛却那些伤心的往事，抛却那些失败的懊恼，若想开心地生活，就必须勇于忘却不幸，开始新的生活。莎士比亚说过："聪明的人永远不会坐在那里为自己的损失而哀叹。他们会用情感去寻找办法来弥补自己的损失。"

放下悲伤才能重新起航。青少年朋友们，当你拉开悲伤的黑幕，你会发现一轮火红的太阳正冲着你微笑。请用一秒钟忘记烦恼，用一分钟想想阳光，用一小时大声歌唱，然后，用微笑去谱写人生最美的乐章。

## 心态悟语

当遇到悲伤的事情时，青少年朋友们应如何应对呢？下面的一些方法可以帮你走出悲伤。

（1）过去的已经过去，一味地沉溺在过去的悲伤中，无济于事。

（2）无论你在人生的哪个阶段，即使被命运甩进黑暗，也不要悲观、丧气，这时候，你体内蕴藏的潜能最容易被激发出来。

（3）放下痛苦才能赢得幸福，放下烦恼才能赢得欢乐！

（4）我们每个人都有属于自己的快乐，只是你要找到它，并懂得去经营它。

# 心态积极，
# 做自己的心理辅导师

很多青少年朋友都成长于被父母和长辈呵护的家庭环境中，从而滋生了一些"心理问题"，诸如自私、冷漠、小气、有依赖心理、盲目攀比等，很明显，这样的青少年很难变得健康、快乐，也很难受人欢迎。因此，从现在起，青少年朋友们应该掌握一些治愈自己心理的方法，把自己历练得快乐、阳光、积极、坚强，这样你才能适应社会，获得成功。

# 虚荣心是成长和进步的大敌

我们都有自尊心，然而，当自尊心受到损害或威胁时，或我们过于看重它时，就可能产生虚荣心。对于青少年朋友来说，在成长的过程中，一定要克服虚荣心，形成好性格，否则，你就可能因为虚荣而使价值观和人生观扭曲，甚至通过炫耀、显示、卖弄等不正当的手段获取荣誉与地位。这样的人往往是华而不实、浮躁的，在物质上讲排场、搞攀比；在社交上好出风头；在人格上很自负、忌妒心重；在学习上不刻苦。相信很多青少年朋友都读过法国作家福楼拜的代表作《包法利夫人》。

主人公艾玛是一个富裕农民女儿，在专门训练贵族子女的修道院读过书，尤其喜欢读一些浪漫派的文学作品。虽然现实生活很残酷，但是艾玛经常沉浸在自己虚构的奢华生活中无法自拔。现实和虚幻世界的强烈反差，使她非常苦闷。成年之后，艾玛嫁给了包法利医生，但是医生微薄的收入根本无法供她挥霍，而且艾玛非常讨厌其貌不扬的包法利及其满足现状的个性。即使生了孩子，艾玛的母爱也没有苏醒。她一心一意、执迷不悟地贪图享乐，爱慕虚荣，竭尽全力地满足自己的私欲，梦想着有朝一日过上贵妇的生活。为了追求浪漫的爱情，寻求她心目中的英雄，艾玛先是受到罗多尔夫的勾引，结果被欺骗了；后来，她又与莱昂暗中私通，中了商人勒乐的圈套。最终，她负债累累，不得不服毒自尽。

在这篇小说中，福楼拜批判了艾玛爱慕虚荣的本性，也深刻地批判了社会的畸形。这种批判引人深省，令人警醒。

青少年虚荣心的形成是多方面的，其中多半和不良的花钱习惯有关。现在人们的生活水平越来越高，父母给孩子的零花钱也越来越多，从最初的几元到现在的几十、上百元。而很多孩子到了初中以后，家长怕他们在学校吃不饱、穿不暖，零花钱更是有增无减。他们在家长的"默认"和"纵容"下养成了不良的消费习惯：没有节制、想买什么就买什么，只知道有钱就花，花完了再向父母要，久而久之，导致他们养成了大手大脚花钱的习惯，金钱观严重偏离了正常的轨道，逐渐迷失自己，变得极其爱慕虚荣。

## 心态悟语

青少年朋友们，如果你有严重的虚荣心，那么，最好做自己的心理医生，从以下几个方面进行心理调节：

1. 完善自己

一个人如果深知只有完善自己才能逐步提高的道理，就能转移视线，会找到努力的动力，心境也会豁然开朗。

2. 尽可能地纵向比较，减少盲目的横向比较

比较分为纵向比较和横向比较。横向比较指的是将自己与他人比，而纵向比较指的是将昨天的自己和今天的自己比。你应尽可能地找到长期的发展变化，以进步的心态鼓励自己，从而建立希望体系，帮助个体树立起坚定的信心。

3. 正确认识荣誉

通常情况下，有虚荣心的人都很爱面子，希望得到别人的肯定和赞扬，希望每一个人都羡慕自己。要避免形成爱慕虚荣的性格，青少年就必须以正确的心态面对荣誉，每个人都应该争取荣誉，这是激励自己前进的动力，但绝不能以获得荣誉为目的。事实证明，许多仅仅为了获取荣誉而工作的人，荣誉往往与他无缘。倒是不图虚荣浮利的人，常常"无心插柳柳成荫"，于不知不觉中获得荣誉。也就是说，只要我们脚踏实地地做好本职工作，淡泊名利，荣誉自然会降临到我们身上。

4. 脚踏实地

脚踏实地的人懂得通过自己的双手和劳动来获得物质和财富，这样的人才是最可爱的、令人敬佩的。

# 克服胆小，让自己变得勇敢起来

中国人素来以含蓄、谦逊的民族性格著称，但如今，竞争激烈的当代社会，要求人们面对机会勇敢、大声地说"我行"。因此，未来要参与社会竞争的青少年朋友们，你们也必须培养自己敢于自我表现的勇气和习惯。你们要记住：勇敢一点，不做胆小鬼。

有些孩子天生胆大，有些孩子天生胆小。但生活中，我们看到的更多的是被娇生惯养的孩子，他们遇到一点委屈或挫折就扑到父母的怀里哭泣，父母疼到心肝里，替他们出头，安慰他们。殊不知，越是这样，孩子越胆怯、怕事儿，遇事越发没有主见，这样的孩子在将来怎么能独当一面呢？

从这个角度看，青少年朋友们，你若想变得勇敢，首先要摆脱父母的呵护，学会独立。当然，除此之外，你还要敢于大胆地表达自己的想法。

香港著名女作家梁凤仪小的时候，是一个不敢说话的小女孩。有一次，小凤仪跟爸爸逛商场，就要离开时，她拽住爸爸的衣角："爸爸，再玩一会儿吧。"小凤仪并不是贪玩的孩子，她只是想要柜台里漂亮的洋娃娃。爸爸看出了她的心思，却没有主动买给她。终于，小凤仪忍不住了，她用细若蚊蝇的声音说："爸爸，我……想买一样……东西。""买什么？说话别吞吞吐吐，想要什么说出来！""我想买一个洋娃娃！"小凤仪鼓起勇气说。于是，她得到了那个洋娃娃。

小时候的梁凤仪是个不够勇敢的女孩，但当她终于大胆地说出自己的需要时，她得到了心仪的洋娃娃。

在未来社会，每个青少年朋友都将面临激烈的竞争，都需要勇气，并且有时需要很大的勇气。虽然竞争的"战场"上没有硝烟，但恐惧足以摧垮人的意志。因此，你必须从现在起克服自己的胆小，让自己变得勇敢起来。

## 心态悟语

青少年朋友们该如何克服胆怯心理，勇敢地面对生活中的种种问题呢？

1. 树立自信心

树立自信心是战胜胆怯退缩的重要法宝。胆怯退缩的人往往缺乏自信，对自己能否完成某些事情持怀疑态度，结果由于心里紧张、拘谨，使得原本可以完成的事情被搞砸了。

因此，你在做一些事情之前应该为自己打气，相信自己能做好，然后尽力就可以了。

2. 扩大交际和接触面

一般来说，怯于表现的孩子面对大众目光时只觉得不安，并非讨厌赞美和掌声。

因此，为了克服自己胆小的性格弱点，你应该有意识地扩大自己的接触面，经常面对陌生的人或环境，逐渐减轻不安心理。闲暇时，你可以和邻居家的叔叔阿姨聊几句，与同龄孩子一起玩耍，建立友谊；购物时帮长辈付钱；经常到亲戚家串门；每逢节假日，一家三口背上行囊去旅游，让自己置身于川流不息的游客潮中……随着见识的增长，你面对陌生人的目光时，便会多几分坦然。

3. 尝试做一些不喜欢甚至不敢做的事

有些孩子总是屈从于他人，不敢鼓足勇气尝试没做过的事情，时间久了，就误以为自己生来就喜欢某些东西，而不喜欢另一些东西。

因此，你应该认识到，什么事情都要敢于去尝试，尝试做一些自己原来不喜欢的事，你会体验到一种全新的乐趣，从而慢慢从固有习惯中摆脱出来。关键要看你是否敢于尝试，是否能把自己的想法贯彻到底。

4. 学会在众人面前表演

对此，你不妨先从自己熟悉的环境开始表演，亲友聚会是个不错的选择，面对熟识的人你会比较放松。比如，当你的外婆过生日的时候，你可以当着大家的面为她唱首歌，相信她会很喜欢，而你的胆量也会被训练出来。


# 过于自负，你离失败就不远了

作家爱默生说："自信是成功的第一秘诀。"但在很多时候，自信与自负只是一念之差，自信的人予人以好感，自负的人令人厌烦。同时，自负者在心理上也会有更多的压力，因为他们会在内心告诉自己，一定要兑现自己许下的诺言，而结果常常事与愿违。

青少年朋友们要记住，无论何时都要保持清醒的头脑，只有这样，你才能稳扎稳打，学好科学文化知识，学会做人做事的道理，走好人生的每一步。

曾经听过这样一个故事：无论你多么强大、多么成功，只要心中被骄傲占据，那么你就离失败不远了。

很久以前，有一个农夫，他的庄稼地在一片芦苇地旁边，经常会有一些野兽出没，为了防止自己的庄稼被野兽毁坏，他经常巡视并拿着弓箭去射猎这些野兽。

和往常一样，农夫来到芦苇边看护庄稼。这天很安静，好像什么都没发生，农夫也觉得自己乏了，便在芦苇地旁边休息。正当他要打盹儿时，却发现芦苇丛中的芦花纷纷扬起，并飞到空中，他觉得很奇怪，难道芦苇丛中有什么东西吗？

于是，他走过去，定睛一看，原来是一只老虎，只见它蹦蹦跳跳的，时而摇摇脑袋，时而晃晃尾巴，看上去好像高兴得不得了。

老虎到底为什么这么高兴呢？农夫心想，它一定是刚刚捕完猎物、美美地饱餐了一顿吧？可这只老虎真是太笨了，它完全没有想到捕捉自己的农夫就站在身后。

想到这里，农夫赶紧藏好，拿起了弓箭、瞄准老虎，然后趁着它跳起的一瞬，一箭射过去，老虎立刻发出凄厉的叫声，扑倒在芦苇丛里。

农夫过去一看，老虎前胸插着箭，身下还枕着一只死獐子。

"螳螂捕蝉，黄雀在后"说的就是这个道理，这只老虎是悲哀的，它因为捕到了獐子万分高兴，便忽略了对周围环境的觉察，以致自己成了别人猎杀的目标，最后中箭而死。

可见，自信固然可贵，但如果自信过了头，成了自负与狂妄，那就确实不讨喜。生活中，那些自大的孩子往往不屑于与别人交往，心胸狭窄。他们虽能取得一定的成绩，但往往满足于现状，而且他们看不到别人的成绩。因此，青少年朋友只有改正自大的性格弱点，才能看清别人，从而博采众长。造物主往往阻扰骄傲的人，恩赐谦卑的人。如果你也是一个骄傲的人，就从现在开始审视自己，改变自己，做一个谦逊的人，一个能够按捺冲动、奋发向上的人。

## 心态悟语

要克服自负心理，青少年朋友们需要做到：

1. 要有自知之明

常听说人贵有自知之明，这个"明"，既表现为如实看到自己的长处，也表现为如实分析自己的短处。如果只看到自己的短处，似乎是谦虚，实际上是自卑心理在作怪；如果只看得到自己的长处，那么，你就是自大。"尺有所短，寸有所长。"每个人都有自己的优势和长处。如果我们能客观地估价自己，在找出自己的长处和优势的同时，也能看到自己的缺点和短处，那么，便能很好地弥补自己的不足。

你要知道，天外有天，人外有人。很多事物的优越性都是相对的，我们所拥有的是多么地微不足道，所以我们没有理由狂妄自大。

2. 兼听则明

那些谦卑、成功的人一般都善于倾听各方面的意见、进行周密的思考，并归纳出一套哪些事物可行、哪些事物不可行的完全属于自己的见解。在思考问题的过程中，他会考虑到"得失利弊" "差之毫厘、失之千里" "真理若往前再跨越一步就是谬误"等这些细微的甚或为一般人所考虑不到的问题。他的最大特点就是善于倾听各方面的意见和建议，敢于坚持真理。

可见，做人要信心十足，但不等同于自高自大、自我浮夸，只有抱着谦卑的态度，你才能不断进步！

# 放下攀比，不要给自己徒增烦恼

人是群居动物，在社会生活中，有交流就有比较，于是，人们滋生了好胜心、攀比心。有了攀比之心，人们便不能按自己的方式去生活、去做事，会变成大致相同的人。但人人都有自己的特长、有自己的才能、有自己的价值观，以不攀比之心去做，才会做得很好，才会发挥自己最大的价值。

攀比之风开始出现在青少年朋友们中间，有这样一些孩子，为了表现自己，常采用炫耀、夸张、甚至戏剧的手法来引人注目，例如，用奇怪的发型来引人注目，本该努力学习的年纪，却一味地追赶时髦、盲目崇拜偶像、显示自己，甚至模仿明星的生活方式。

11岁的米米长得很漂亮，弹得一手好钢琴，是个人见人爱的女孩。但是，她也是个十分"奢侈"的孩子，衣服不是"耐克"的就是"阿迪达斯"，总之，从头到脚都是名牌。有时父母给她买的不是名牌衣服，不管多好看，她也一概不穿，还为此哭闹。

父母对她这点十分头疼，实在不明白为什么孩子这么小就如此热衷于名牌，而米米的回答就是："让我穿这些，我怎么出去见人啊？我的同学都穿名牌，我要是没有，人家会笑话我的。我不穿，要不我就不去上学。"

不仅如此，米米还"逼"着爸爸给她买手机和高档自行车，原因也是"同学都有"。

其实，米米不是特例，这是现代社会的普遍现象。尤其是那些家庭条件优越的孩子，他们从小就穿名牌衣服、吃优质食品、玩高档玩具，进入学校后，他们便学会了互相攀比。

的确，攀比之心，人皆有之，但其实，这种比较是没有任何意义的。不管你比得过别人还是比不过别人，你的生活、现状都不会受到任何影响。你既得不到别人的财产，也不会失去自己所拥有的一切。所以，请停止无谓的攀比，不要给自己徒增烦恼。

## 心态悟语

青少年朋友们，你可以通过以下方式作好心理调节：

1. 通过自我暗示，增强自己的心理承受能力

自我暗示又称自我肯定、这是一种调节心理的强有力的技巧，它可以在短时间内改变一个人对生活的态度、增强人对事件的承受能力。具体方法为用鼓励性的语言、动作来鼓励自己。比如，当别人取得好成绩时，你也可以

在心中对自己说"其实我也很好"之类的话，久而久之，盲目比较的习惯就会有所改善。

2. 快乐让你远离攀比

生活中，有痛苦也有快乐，之所以有人是快乐的，是因为他们善于发现快乐的点滴。如果一个人总是想：比起别人可能得到的欢乐，我的那一点快乐算得了什么呢？那么他就会永远陷于痛苦之中、陷于忌妒之中。

# 依赖心理过强，很难立足社会

随着物质生活水平的提高，很多父母不但为孩子提供了衣食无忧的生活，还事事为孩子包办，导致孩子形成了依赖心理。这样的孩子缺乏毅力、恒心和奋斗精神，将来必定无法立足于社会。

从前，有一对夫妇，他们晚年得子，高兴异常。所以，他们对这一"老来子"十分疼爱，几乎不让孩子做任何事，孩子除了吃喝以外也什么都不会。很快，孩子长大了。

一天，老两口要出远门，担心儿子在家没法照顾自己，就想了一个办法：临行前烙了一张中间带眼儿的大饼，套在儿子的脖子上，告诉他想吃的时候就咬一口。

可是，这个孩子居然只知道吃颈前面的饼，不知道把后面的饼转过来吃。等老两口回来时，大饼只吃了不到一半，而儿子竟活活饿死了。

生活中的青少年朋友们，当你看完这则故事，你是否有所启发？只有学会独立自主地生活，才具备生存的能力。"自己动手，丰衣足食"说的就是这个道理。

其实，人生成功的过程也就是个人克服自身性格缺陷的过程。青少年身上的这些由优越成长环境导致的弱点，可能影响到未来的婚姻家庭等生活状况，同时也影响人际交往、职业升迁、事业发展……因此，青少年朋友们，如果你也有依赖性格，最好从现在开始，努力克服。

## 心态悟语

那么，青少年朋友们该怎样靠自己的努力摆脱依赖感呢？

**1. 要充分认识到依赖心理的危害**

这就要求你纠正平时养成的习惯，提高自己的动手能力，不要什么事情都指望别人，遇到问题要有自己的选择和判断，加强自主性和创造性。学会独立地思考问题。

**2. 要破除习惯性地依赖**

对于依赖性强的人而言，他们的依赖行为已成了一种习惯，为此，首先需要纠正这种不良习惯。你需要检查自己的日常行为中哪些是要依赖别人去做的，哪些是自主决定的，你需要坚持一个星期，然后将这些事件分为自主意识强、中等、较差三等。

**3. 要增强自控能力**

对于自主意识差的事件，你可以通过提高自控力来改善；对于自主意识中等的事件，你应寻找改进方法，并在以后的行动中逐步实施；对于自主意识较强的事件，你应该吸取经验，在日后的生活中逐步实施。

**4. 坚持自理**

进入青春期的你，已经不是儿童了，因此，你应该学会自理。这时，即使家长为你包办，你也应该拒绝，大胆尝试，才能在潜移默化中培养自理能力。另外，你要坚持到底，不要凭一时的冲动做事，因为自理能力不是一朝一夕就具备的，需要对自己进行反复的强化和持之以恒的锻炼。

**5. 学会独立解决问题**

依赖性是懒惰的附庸，而要克服依赖性，需要在多种场合坚持自己的事情自己做。因此，日常生活中，切忌让家长当你的贴身丫鬟，也不要让家长帮你安排所有事情。比如，独立地解一道数学题、独立准备一段演讲词、独立地与别人打交道等。

# 学会付出爱，勿做自私鬼

我们都知道，人与人之间的交往都是相互的，你怎样对待他人，他人就怎样对待你。如果我们只想拥有而不想给予，那么就是一个自私的人，而自私的人是不会拥有真正的朋友的。所谓"赠人玫瑰，手有余香"就是这个道理。事实上，生活中处处存在美与爱。我们每天都能看到初升的太阳，那是自然之美；我们每天都能拥有他人的关爱与帮助，这是人性之美。

青春期是人格砥砺和品质形成的关键时期，这个阶段的每一个孩子都应该学会替他人着想，学会付出爱，勿做别人眼中的自私鬼。

从前，在一个深山里有一个小山村，村里的每一个人都起早贪黑地种植稻谷，但不知为何，每年的收成都很差，根本不能解决温饱问题。

后来，有一个农民走出大山，去寻找优质稻种。终于，他发现了高产量的稻种。果然，第一年试种，收成很好。村民们看到了他的成功，便想从他那里换一些稻种。可这个农民想，如果大家的稻谷产量都提高了，自己不就不能发财了吗？于是，他拒绝了乡亲们的请求。

第二年，他还是用新得到的种子播种，并且，他更加勤奋地耕种。谁知道，产量却很差。后来，他才明白，在稻谷授粉时，风将邻家的劣质花粉吹到他家的优质稻子上了。

此时，你肯定会嘲笑这个自私又愚昧的农夫。是的，自私狭隘是一切善良美好的事物身上的"毒瘤"，是成功与和谐的天敌。与之形成鲜明对比的是一种善于为他人着想的博大、无私的胸怀。

生活中的青少年朋友们，当你遇到有困难的人时，你是否愿意为他们想想办法？或许在不经意间，受帮助的不仅是别人，还有你自己——爱加上智慧是能够产生奇迹的。其实任何一次助人行为，都是完善自我、实现自我价值的机会，怎能不出于自愿？心存善念，多行善事。我们就是自己最重要的贵人。

## 心态悟语

要想做到替他人着想，青少年朋友们，你们首先要克服的就是自私心理，除此之外，你们还需要做到：

1. 关心他人

你可以从关心周围的人开始，如你的父母、亲人、老师、同学。当你的同学摔倒了，要主动扶起来，并加以安慰，在这种举动中，你将会体验到帮助别人的快乐；妈妈生病卧床，你可以为她递水、送药；在父母生日的时候，为他们送上一份礼物；走在路上，看到老人手中的报纸或其他东西掉在地上，应主动帮忙拾起。

2. 做力所能及的家务，对家庭尽一份责任

爸爸妈妈每天除了工作以外，还得照顾老人和孩子。你已经进入青春期了，应该学会为他们分担一点了，你可以从最简单的家务做起，如帮爸妈洗洗碗、做做饭、拖拖地，他们会为此感到欣慰的。

3. 要表达自己的真诚和关切

与人交往，一定要真诚，关心他人不能有太强的目的性，这样才能使别人愉快地接受，我们才会满足和愉悦。

4. 多为别人着想

在与人交往的过程中，要学会为他人着想，这样，你就能体谅他人的难处，说该说的话、做该做的事，他人也会感受到你的贴心。

5. 助人为乐，经常参加一些慈善活动或者社会实践活动

有句名言说得好：关心他人，竭尽全力去帮助别人，会使人变得慷慨；关心别人的痛苦和不幸，设法去帮助别人减轻或消除痛苦和不幸，会使人变得高尚；时常为他人着想，会丰富自己的生活，增加自己的涵养。任何一个孩子，不仅要承担努力学习的责任，还应该努力培养自己健全的人格，学会助人为乐，也是帮助你自己。

# 正面迎接挑战，并击垮它

"要战胜别人，首先须战胜自己。"这是智者的座右铭。一个人，只有把潜藏在身上的自信挖掘出来，时刻保持着强烈的自信心，才能战胜困难。有些人之所以取得成功，是因为他们与别人共处逆境时，别人失去了信心，他们却下决心实现自己的目标。

青少年朋友们，在你的学习和生活中，你可能偶尔感到恐惧，但对此，美国名将艾森豪威尔是这样诠释的："软弱就会一事无成，我们必须拥有强大的实力。"不正面迎向恐惧、面对挑战，你就得一生一世躲着它。

曾经有一个叫卡兰德的军官。有一次，卡兰德在纽约的一个漂亮饭店里，看着善泳的朋友们在阳光下嬉戏，忽然有一种不舒服的感觉涌上心头。卡兰德告诉他们，自己怕被晒黑，所以不想下水。朋友们笑着怂恿他："不要怕水，否则你永远不会游泳……"

阳光洒在他们水滑、光亮的肌肤上，他们像海豚一样骄傲地嬉戏着。而卡兰德其实并不想躲在阴影里看着他们嬉戏，他觉得自己是个懦夫。

一个月后，朋友邀卡兰德到一个温泉度假中心，他鼓足勇气下水了。卡兰德发现自己没自己想象中那么无能，但他不敢游到水深的地方。"试试看，"朋友和蔼地对他说，"让自己下潜，看会不会沉下去！"

于是，卡兰德试了一下。朋友说得没错，在意识清晰的状态下，想要沉下去、摸到池底还真的不可能。真是奇妙的体验！

"看，你根本淹不死。沉不下去，为什么要害怕呢？"

卡兰德上了宝贵的一课，若有所悟。从那天起，他不再怕水，虽然算不上游泳健将，但游四五百米是不成问题的。

和卡兰德一样，青少年朋友们，当你遇到困难时，你也可以克服恐惧。"现实中的事物，远比不上想象中的那么恐怖。"困难面前，逃避无济于事，只有正面迎击，困难才会被克服。有时候，你会发现，那些所谓的困难与麻烦只不过是恐惧心理在作怪，每个人的勇气都不是天生的，没有谁一生下来就充满自信，只有勇于尝试，才能锻炼出勇气。

躲避是人们恐惧的表现之一，而试图逃避只会使这种恐惧加倍。任何人，只要去做他所恐惧的事，并持续下去，直到获得成功，他便能克服恐惧。既然困难不能凭空消失，那就勇敢地去克服吧！

## 心态悟语

要摆脱恐惧心理，青少年朋友们可以从以下几个方面着手：

1. 告诉自己"我能行"

生活中，许多孩子常常说"我不行"。他们之所以会有这样的意识，有两方面原因：一个是自我意识，二是外来意识。关于第二点，其实和父母的教育有关系。有些家长总觉得自己的孩子不行。一位男孩说："我想学游泳，我妈妈说，你不行，你从小体弱，下水会淹着的！我想学炒菜，我妈妈又说，你不行，会烫着手的！我想学骑车，我妈妈说，你不行，会摔着的……不行，不行，我什么时候才能行？"要摆脱这种种恐惧，你必须在内心反复暗示自己："我能行。"

2. 多做一些没有做过的事

做曾经不敢做的事，本身就是克服恐惧的过程。如果你退缩、不敢尝试，那么，下次你还是不敢，你永远都做不成。只要你下定决心、勇于尝试，那么，就证明你已经进步了。在不远的将来，即使你会遇到很多困难，但你的勇气一定会帮你获得成功。

# 全力以赴，肩负起自己的责任

人活着，就要承担责任。责任心的强弱，能够反映一个人品德的优劣。每个青少年朋友，都应该有正确的态度，哪怕再小的一件事，你也要敢于负起责任。责任心会驱使我们去做一些事，并且努力把事情做好。我们每个人都要清楚，只要你认为那件事很重要，是你的责任，你就会全力以赴做好这件事，想方设法收获最好的结果。

一天，某户人家的门铃响了，开门的是男主人汤姆。

汤姆发现，一个十来岁的小男孩站在门口，并且他开始自我介绍："你好，先生，我的名字叫亨利。"然后，他指着斜对面那栋漂亮的房子，告诉汤姆那是他家。

然后他问："我可以帮你剪草坪吗？"汤姆打量了一下这个小男孩，他身材瘦小，再看看自己家的花园，有前后院，还有个大草坪，不过既然是他主动要求做，就点点头说："好啊！"

随后，男孩很高兴地推来剪草机，开始工作。他把笨重的机器推来推去，剪得相当整齐。

等他剪完所有的草后，按照事先说好的，汤姆给了他10美元的报酬，但令汤姆好奇的是这小男孩为什么要挣钱。对此，小男孩说："上个星期我过生日，爸爸给了我购买一辆自行车一半的钱，我要赚另一半的钱。如果下个星期再让我给你剪草坪，我就可以去买了。"

从那以后，汤姆家剪草的工作就被男孩承包了。慢慢地，附近几家的草地也都包给他了……

责任心对于任何处于成长阶段的青少年来说都至关重要。一个人应该有许多品质，其中衡量一个人是否成熟的标准就是责任心。事业有成者，无论做什么，都力求尽心尽责，丝毫不会放松。成功者无论做什么职业，都不会轻率疏忽。这就是一份责任。

责任不需要整天挂在嘴边，而是一种意识，你需要明白，在遇到事情的时候必须承担后果。从小学会担当，长大了，你自然就会有责任心。

## 心态悟语

每一个青少年朋友，都应该从现在开始承担起各种各样的责任，对此，你需要做到：

**1. 要学会帮别人分担一些忧患**

当然，这种分担要在自己能够承受的范围内。例如，在家里，我们要负起作为家庭一分子的责任；在班级里，要负起作为学生的责任；在社会上，要负起作为公民的责任……

2. 努力学习，对自己负责

在这个社会上，每个人都肩负着自己的责任。做好自己的本职工作，不仅是对他人负责，更重要的是对自己负责。作为学生的你，现阶段的任务就是努力学习，只有充实自身与内在，才能有所担当，才能在未来做好本职工作，才能实现自我价值。

3. 关心国家，关心社会

我们都生活在一个大集体中，这个大集体就是国家和社会，有国才有家，每个孩子都懂得这个道理。从明天开始，不要只关心自己的学习或者最新流行趋势了，多关心国家和周围发生的时事。

## 贪念是幸福人生的大敌

随着物质生活水平的不断提高，很多青少年都过上了衣食无忧甚至是奢华的物质生活，而这也滋生了很多孩子贪得无厌的心理，对物质的追求往往难以获得自我满足，这就是贪婪者大多不快乐的根本原因。相反，那些过着简单生活的孩子，得到一件玩具就会玩得十分高兴。因此，青少年要明白，贪念是幸福人生的大敌，你必须在青少年阶段就加以克服。

有这样一个故事：

从前，一家有弟兄三人，老大比较愚钝，四十好几的人，还是光棍一条。整日里破衣烂衫，连一身像样的衣服都没有。有人问他："你最大的心愿是什么？"他脱口而出："要随我意，天天新衣。"

老二则是小康之家，衣食无缺。只是长相太丑陋，又找了一个比他还难看的妻子。所以，当问到他的最大心愿是什么时，他迫不及待地说："要随我心，天天娶亲。"

而老三由于经营有方，再加上天资聪慧和好运气，已经是远近闻名的富豪了。当人们问他最大的心愿是什么时，他却毫不顾忌地说："要随我心，挖一窖金。"

这虽然是个故事，但从中足以看出人的贪婪之心。"人心不足蛇吞象"，多么贴切的比喻。贪婪之心，就像一个恶魔，一旦附身，就会让人难以善终。仔细想想，其实我们每个人又何尝不是如此呢？读过这个故事，我们都应该好好地反思一下：我们如何摒弃贪婪之心呢？

哲人说，欲望是人的痛苦根源，因为欲望永不能被满足。一个人离理想越远，自然离欲望越近。在现实生活中，我们常常迷失在理想与欲望之中，将欲望当作理想，这是因为它们有时近得只有一线之隔，或者说欲望是感性的，而理想是理性的。

事实上，一个人是否幸福、快乐，不在于能否获得更多的金钱与财富，而在于能否得到最适合自己的东西。因此，一个人只有明确自己真正需要什么，为之努力的过程和获得的结果才能让他产生幸福感。

## 心态悟语

青少年朋友们，该怎样克服贪念呢？

1. 避免物质生活过于奢华

人们贪念的形成多半是从物质开始的，有了点钱就想更有钱，住了房子就想住别墅等，同样，很多青少年身上也有这样的缺点，总是想吃高档食物、买名牌衣服。假若你从小就注重节俭，怎么会有这样的性格缺点呢？

2. 学会知足，享受简单的快乐

如果你能体会到和同学们一起做游戏、和父母一起享受亲情的快乐，你还会把眼光放在追求物质上吗？

因此，孩子们，在忙碌的学习之余，不妨投身到人际交往中吧，从中获得乐趣，培养阳光心态。

3. 正确看待竞争，不要过于看重竞争结果

有些孩子，眼里容不下别人比自己优秀，为此，他们努力学习，总想赶超别人，这是他们学习的动力，但也会成为他们的心理负担。倘若你获得了好成绩，却变成了一个善妒的人，而且遗忘了什么叫快乐，你觉得会幸福吗？

# 中篇

## 保持阳光心态，让成长更积极

# 对自己有信心，
## 一切皆有可能

很多时候，我们总是缺乏自信，认为自己的身上存在很多缺点和不足。殊不知，这个世界上并没有绝对完美的人，即使我们有很多的缺点和不足，我们依然是独一无二的。也许，我们在某一方面表现得不够好，没有突出的能力，但是，我们应该相信自己是最出色的，只有这样，我们才能使自己真正变得出色。

## 母爱是滋生孩子信念最好的养料

生活不总是一帆风顺的，就像大海有风平浪静也有惊涛骇浪，要想越过坎坷、走出逆境，我们就要坚持，而坚持的力量源于信念。在广袤无垠的土地上，信念恰如那一粒充满生命力的种子，即使土地贫瘠、天气干旱少雨，它也能默默地忍耐和坚持，直到破土而出、开花结果。

有一个女孩，高中毕业后没考上大学，被安排在本村的小学教书。

结果，上课还不到一周，由于讲不清数学题，她被学生轰下台，灰头土脸地回了家。母亲为她擦眼泪，安慰她说："满肚子的东西，有的人倒得出来，有的人却倒不出来，没必要为这个伤心，找找别的事，也许有更合适的事情等着你去做。"

后来，她又随本村的伙伴一起外出打工，但不幸的是，她又被老板轰了回来，原因是裁剪衣服的时候手脚太慢，别人一天可以裁制出六七件，她仅能裁制两件，质量也不过关。母亲对女儿说："手脚总是有快有慢的，别人已经干了好多年，而你一直在念书，怎么快得了？"说完，便为女儿打点行装，准备让她到另一个地方去试试。

女儿先后当过纺织工，干过市场管理员，做过会计，但无一例外都半途而废。然而每次女儿失败沮丧地回来时，母亲总是安慰她，从来没有抱怨过。

女儿三十多岁的时候，凭着一点语言天赋，做了聋哑学校的一名辅导员。后来，她开办了一家属于自己的残障学校。再后来，她在许多城市开办了残障人用品连锁店，如今是一个拥有几千万元资产的老板。

有一天，功成名就的女儿向年迈的母亲问道："妈，那些年我连连失败，自己都觉得前途渺茫，可你为何对我那么有信心呢？"母亲的回答朴素而简单："一块地，不适合种麦子，可以试试种豆子；豆子也种不好的话，可以种瓜果；瓜果也种不好的话，撒上些荞麦种子也许能开花。一块地，总会有一粒种子适合它，也总会有属于它的一片收成……"

听完母亲的话，女儿落泪了。她明白，实际上，母亲恒久不绝的信念和爱，就是一粒最坚韧的种子，她的奇迹，就是凭借这粒种子的执着而生长出的奇迹。

不优秀没有关系，这个世界上总有一个人欣赏我们，她就是母亲；失败了没有关系，这个世界上总有一个人敞开胸怀接纳我们，她也是母亲。在上述事例中，主人公最终之所以能够取得成功，就是因为她的母亲始终默默地支持她、无条件地信任她。

## 心态悟语

（1）面对被轰下讲台的女儿，母亲没有一句责备，而是让女儿去找更适合她的事情做。此后，直到女儿获得成功，母亲一直这样包容和爱护女儿。这是每一位母亲的职责。在母亲看来，孩子需要的不是求全责备，而是包容、理解和信任。

（2）母亲始终坚定不移地相信女儿一定能够有所成就，只是女儿还没有找到适合自己的事情而已。在母亲耐心的等待中，女儿终于找到了适合自己的领域。母爱，是天底下最耐心恒久的等待。

（3）女儿成功了，她知道，是母亲对她的信心支撑她走到了如今。

（4）母亲恒久不绝的信念和爱是一粒最坚韧的种子，在爱的滋养下，它能够帮助儿女创造生命的奇迹。

## 想要改变人生，先要选定方向

不管在哪里行走，我们都需要一个方向。如果没有方向，不管你走出多远，也不管你付出了多少艰辛，它们都是无用功。方向是人生的指明灯，正如在跑步的过程中所有的运动员都向着终点奋进一样。如果没有方向，不管你跑多少圈，还是离终点遥遥无期。做事情也是如此，只有方向明确，才能更加有效地实现自己的目标，达到人生的目的。所以，当你追求新生活的时候，当你改变自己人生的时候，你首先要为自己制订一个明确的目标。

比赛尔是西撒哈拉沙漠中的一颗明珠，每年都有数以万计的人来到这里旅游。但它在未经开垦以前，只不过是一个封闭落后的地方，这儿的人从小到大从未走出过沙漠。据说，这里的人不是不愿意离开这块贫瘠的土地，而是因为他们无论怎样尝试都走不出去。

有一个叫肯·莱文的人听说了这种奇怪的消息，他来到此地向这里的人打听原因，问了很多人，得到的答案都一样：从这里无论向哪个方向走，最后还是回到出发的地方。真的有这么奇怪的事？肯·莱文决定亲自尝试一下，他做了一个试验，从比赛尔村往北走，结果用了三天半的时间走了出来。但是比赛尔人为什么会那样说呢？肯·莱文怎么也想不通，最后他雇了一个当地人，让他带路，看看究竟是为什么。他们带了足够半个月的食物和水，牵了两匹骆驼，肯·莱文什么也不说，跟在那个当地人身后。

10天过去了，他们走了大概400千米的路程，第11天早晨，他们果然又走回了比赛尔。不过这次肯·莱文明白了，比赛尔人之所以走不出沙漠，是因为他们根本不认识北极星，他们只是按照自己想的一直走。

在一望无际的沙漠里，一个人如果只凭着感觉往前走，他会走出许多大小不一的圆圈，最后的足迹十有八九是一把卷尺的形状。比赛尔村位于浩瀚的西撒哈拉沙漠中央，方圆上千千米没有一点参照物，若不认识北极星，又没有任何辨明方向的工具，想要走出沙漠，确实是不可能的。

试验结束后，肯·莱文告诉当地人：只要你白天休息，夜晚朝着北面那颗星星走，就一定能走出沙漠。当地人照此去做，果然走到了大漠的边上。从此，当地人奉肯·莱文为比赛尔的开拓者，他的铜像被竖在小城的中央。铜像的底座上刻有一行字：新生活，从选定方向开始。

因为没有方向，比赛尔村民无论如何也走不出西撒哈拉沙漠，他们并非没有能力走出去，只是他们总回到原点。其实，解决这个问题很简单，那就是学会辨识方向，为自己确定方向，然后朝着一个方向不停地走，这样就不会再回到原点了，而是奔向新的生活领域。凡事都是如此，不管你是真真正正地走路，还是做其他事情，你都要为自己确立方向。一个人赶路，如果不选定方向，很容易误入歧途。人生之路也是如此。如果你想改变自己的生活，就从选定一个新的方向着手吧。

## 心态悟语

（1）首先要学会辨识方向。走路的时候，我们一定要分清东南西北，要知道自己去往哪个方向。在人生的旅途中，我们一定要知道自己想要什么，知道自己的人生想要达到怎样的目标。

（2）其次是要确立方向。方向是根据目标确定的，如果你想去遥远的海南，那么你当然要一直往南走；如果你想去东北密林，那么你就要朝着东北方向走。人生中，如果你只想过着平淡安然的生活，那么你应该给自己制订一个安稳的生活目标，并且为之努力；如果你想出人头地，那么你必然要设立高远的目标，并且不遗余力地为自己的目标而努力奋进。

（3）不管遇到多少困难，我们都要坚定不移地朝着自己设定的方向努力，因为成功总是青睐那些有着顽强毅力的人。

（4）只要选定方向，并且为之不懈努力，你就一定能够创造出属于自己的新生活！

# 成功总是青睐那些有坚定信念的人

众所周知，自信的人更容易成功。和悲观怯懦的人相比，自信的人充满希望和信心，在举步维艰的逆境中，他们有更大的力量和勇气坚持下去。试想，如果人们一遇到困难就唉声叹气，就绝望地放弃，又如何能够获得成功呢？要想成功，就必须坚定自己的信念，鼓足勇气，满怀信心，向希望奋进。

伟大的航海家哥伦布曾先后4次率领船队横渡大西洋，发现了加勒比海内所有的岛屿，以及中美洲海峡和南美洲大陆，这一切成就的取得，都源于他坚定的信念和远见卓识。

1492年8月的一天，哥伦布带领着一批人从西班牙出发了，他们受西班牙国王的派遣，去寻找"新大陆"。船队在无边无际的大海上航行了一个多月，始终看不到陆地的影子，放眼望去只有一望无际的海水。船上的水手纷纷感到沮丧至极，没有人不后悔和这个叫哥伦布的疯子来探索什么新陆地！水手们都离开了自己的岗位，有的人懒洋洋地躺在甲板上，嘴里不停地骂骂咧咧；有的人则忍不住去质问哥伦布，问他究竟要把这么一船人带到哪里去。"陆地在哪里？""鬼才知道！""这样的日子什么时候到头？""我不干了，我要回去！"这样的喊叫声此起彼伏。然而，哥伦布从未因此动摇过，他信心百倍地对水手们说："我向大家保证，3天之后我们就能够找到陆地，到那时，我将给大家双倍的奖励。"

果不出所料，3天后的早晨，一名水手站在高高的桅杆上惊喜地叫了起来："陆地！陆地！大家快来看！"大家借着初升的太阳，看见了不远处平坦的沙丘。他们拥抱着、跳跃着，更有人兴奋得跳起舞来。这块陆地被哥伦布命名为圣萨尔瓦多，意为"救世主"。曾经抱怨连连的水手因此对哥伦布崇拜不已。

坚定的目标和信心是一个人在成功路上扬帆远航的最好指南针，有了它，没什么困难可以让你止步不前。

哥伦布之所以能够获得成功，正是因为他始终坚持。在现实生活中，没有人的人生是一帆风顺的，在遇到困难的时候，你是像哥伦布一样凭借坚定不移的信念坚持到最后，还是毫不犹豫地放弃，这几乎决定了你能否走向成功。看看那些成功人士的历史，他们的成功经历几乎都是百转千回的，没有人能够轻而易举地获得成功。除此之外，我们还要富于远见卓识，不要被现实的框架所限制。要知道，那些能够取得成功的人都有着发散性的思维和长远的眼光。他们不会因为眼睛只能看到方寸之地而使自己的思维受到局限，而是放眼未来，努力使自己站得更高、看得更远。

## 心态悟语

（1）第一个吃螃蟹的人总是需要卓越的眼光、十足的勇气、超前的意识和坚持不懈的毅力的。

（2）即使遇到困难，也不要放弃，因为，只有坚持才能获得成功。

（3）很多时候，机会就在转弯处等待你，所以你需要坚持，坚持，再坚持。

（4）当别人都不看好你的时候，恰恰就是你获得成功的时候。

（5）当大家都蜂拥而至做一件事情的时候，机会已经悄然远去了。


## 你就是你自己的圣人

很多时候，阻碍我们发展的力量并非其他人发出的，而是源自我们自己的局限性，因此，要想突破自己、超越自己，首先应该发现自己具有的无穷力量——认可自己，相信自己。假如你始终不相信自己，而把生活的希望寄托在别人身上，那么，你就无法释放自己的力量，最终限制自己的发展，一生默默无闻。这也就是人们经常说的"心有多大，舞台就有多大"。原来，一切都取决于我们的内心。曾经有位名人说过，一个人的成就绝对不会超过他内心的高度，这句话是有道理的。认可自己，改变自己，你准备好了吗？

1947年，美孚石油公司董事长贝里奇到开普敦视察工作。偶然间，他看到一位黑人小伙子正跪在地板上擦拭，奇怪的是，他每擦完一块地板，就要虔诚地叩一下头。贝里奇百思不得其解，就问小伙子是怎么回事。这位黑人小伙子回答说，他在感谢圣人。

贝里奇还是有点奇怪，他要感谢的圣人到底是谁呢？黑人继续解释说，他之所以能找到这份工作，一定是有圣人帮助他，是圣人让他有了饭吃。贝里奇笑了，他告诉黑人小伙子说："我也曾经遇到过一位圣人，这位圣人使我成了美孚石油公司的董事长，我可以引见你认识他，你愿意去拜访他吗？"黑人说："我是个孤儿，从小由教会抚养，我很想报答教会的养育之恩，如果这位圣人能让我在养活自己的同时，还有余钱来了却心愿，我非常愿意去拜访他。可是，如果我离开去拜访圣人，我的饭碗就保不住了。"

贝里奇说："你知道南非有一座很有名的大温特胡克山吗？我所说的圣人，就住在那里。他能为人指点迷津，所有经过他点化的人都会有一个大好前程。20年前，我到南非登上了那座山，找到了那位圣人并得到了他的指点，所以我才有了今天的地位。如果你愿意去，我可以替你向你们的经理说情，准你一个月的假。"

于是，黑人小伙子向南非出发了。在那30天里，他一路披荆斩棘，风餐露宿，过草地，穿森林，历尽艰辛，最后终于登上了白雪皑皑的大温特胡克山。他在山顶徘徊寻找了一天，除了自己，他什么都没看到。

黑人小伙子失望地回到了开普敦，当贝里奇问他看到了什么时，他懊丧地说："很抱歉，董事长，我在山顶上找了一天，可是我发现，除了我自己以外，根本没有别人。"

贝里奇大笑道："你说得对！除了你自己之外，根本没有别人能给你指点迷津。"

20年后，这位黑人小伙子成了美孚石油公司开普敦分公司的总经理。2000年，他作为美孚石油公司的代表参加了在上海举办的世界经济论坛大会。在一次记者招待会上，记者让他谈谈自己传奇般的经历，他只说了这么一句话："你认可自己的那一天，就是你遇到圣人的时候。"

很多人期待会有别人来帮助自己，其实，在这个世界上，能帮助你成功的就是你自己。当你发现自己的那一天，也就是你拨开迷雾走向成功的那一天。

## 心态悟语

（1）这个世界上，唯一能够掌握你命运的就是你自己，你就是自己的圣人。

（2）不管什么时候，我们都应该立志高远，应该规划自己的未来，而不要只盯着眼前的那块地。

（3）当你发现了自己，并且坚持不懈地努力开拓自己的人生，你离成功也就不远了。

（4）不管什么时候，都要相信自己是命运的主宰，都要牢记自己的命运握在自己的手中。

# 心有多大，你的世界就有多大

信心与成功之间的关系似乎很微妙，我们总是说不要好高骛远、不要眼高手低，而实际上，信心与这些截然不同。假如说好高骛远是空想，眼高手低是不付诸实践，那么信心则是对一件事情满怀必胜的信念，并且为此而付出执着的努力。只有这样，你才能获得成功。那么，你做到了吗？你成功了吗？

1949年，一位年仅24岁的年轻人走入了社会。因为他的父亲常跟他说"通用汽车公司是一家经营良好的公司"，所以他决定到通用去看看。

这位年轻人充满自信地走进美国通用汽车公司的大门，应聘会计一职。面试时，他的自信给应试考官留下了非常深刻的印象，而通用良好的工作作风也让他更加坚定了留在这里的决心。不过当时会计的职务只有一个空缺，考官告诉他做会计工作十分艰苦，一个新手可能很难应付。然而，当时他只有一个念头，就是无论如何也要进入通用汽车公司，他认为只有这里才能展现他的能力和才华。

后来，这位年轻人的坚定信念感动了应试考官，使其决定录用他。考官对自己的秘书说："也许你很难相信，我刚刚录用了一个想成为通用汽车公司董事长的年轻人。"

这位年轻人就是1981年出任通用汽车公司董事长的罗杰·史密斯。

与史密斯同在通用公司的阿特·韦华金后来回忆道："在我们最初开始合作的一个月中，罗杰一本正经地告诉我，他将来一定会成为通用的董事长。我当时觉得他真是在说笑话，没想到他真的成功了。"

当然，在这个世界上，并非每个人都能成为通用的董事长，毕竟，这种巨大的成功并非谁都能获得的。不过，幸运的是，成功的定义有很多，并非只取决于一个标准。

要想获得成功，不管在哪个领域，你首先应该充满信心。试想，如果一个人刚开始就怀疑自己、否定自己，那么，他还能获得成功吗？当然不能。因为没有人愿意相信一个不自信的人，更没有人愿意帮助一个不自信的人。只有相信自己，充满自信，别人才会相信你，慷慨地帮助你、辅佐你，使你最终获得成功。

## 心态悟语

（1）一定要为自己树立一个远大的目标，并且有计划地向着自己的目标奋进。

（2）一定要对自己有信心，只有坚定的信心，才能助你坚定不移地向着自己的目标前行。

（3）即使遇到困难，也不要放弃，让信心成为你的支柱，支撑着你渡过重重难关，最终抵达胜利的彼岸。

（4）只要你坚定信心，成功就一定会降临。

# 如果你相信自己，那就坚持自己的判断

细心的人不难发现，在人类历史的长河中，那些能够在历史上刻上浓重一笔的人物，都有自己的想法和原则。他们不仅很宽容，也善于采纳别人的意见，并且，从来不会迷失自己。他们有自己的想法，坚持自己的原则，并且善于分析问题，得出最正确的结论。一旦他们认为自己是正确的，就不会轻易被别人的想法所左右，而是坚持自己的想法，努力证实自己是正确的。

小泽征尔的名字如雷贯耳，他是20世纪最杰出的音乐家之一。很早以前，小泽征尔在中国演出时，无意中听到了盲人阿炳的《二泉映月》。他哭了，当场跪下！他感慨地说："这样的音乐应该跪着听！"于是，许许多多的中国人深深地记住了这个日本人的名字。同时，被整个世界认识和记住的，还有他充满挑战性的自信心。

小泽征尔成为世界著名的交响乐指挥家不久后，在一次世界优秀指挥家大赛的决赛中，评委会随即抽取了一份乐谱给他，然而，这份乐谱的难度非一般人能够指挥的。他按照评委的要求指挥演奏，但刚演奏不久，他就敏锐地发现了不和谐的声音。起初，他以为乐队演奏出了问题，就停下来重新演奏，但还是不对。他大声地对台下的评委说："我觉得乐谱有问题。"这时，在场的作曲家和评委会的权威人士坚持说乐谱绝对没有问题，是他错了。面对一大批音乐大师和权威人士，他思考再三，最后斩钉截铁地说："不！一定是乐谱错了！"话音刚落，评委席报以热烈的掌声，祝贺他大赛夺冠。

原来，这是评委们精心设计的"圈套"，以此来检验指挥家在发现乐谱错误并遭到权威人士"否定"的情况下能否坚持自己的正确主张。前两位参加决赛的指挥家虽然也发现了错误，但终因没有坚持自己的观点、随声附和权威们的意见而被淘汰。小泽征尔却因充满自信而摘取了世界指挥家大赛的桂冠。

小泽征尔之所以能被很多人记住，不仅是因为他被中国的《二泉映月》感动得泪流满面、当场下跪，更是因为他在世界优秀指挥家大赛中出色的表现。面对乐谱的错误，他先是反省自身，重新演奏，经过再三思考，他确定是乐谱出错了。面对大赛评委的否定，他丝毫没有退步，而是坚持说乐谱错了，最终在大赛中荣获冠军。虽然在他之前的两位参赛的指挥家也曾发现了乐谱上的错误，但是，在大赛评委的质疑声中，他们没有坚持自己的判断，而是选择接受大赛评委的意见。由此可见，错误是很容易被发现的，更重要的是坚持。

其实，不仅参加比赛的时候需要坚持，在生活中，面对很多事情的时候，我们也应该向小泽征尔学习，首先反省自身，在确定自己是正确的前提下，学会坚持。

## 心态悟语

（1）发现错误的时候，我们首先应该从自身寻找原因。

（2）在确定自己是正确的前提下，我们应该勇敢地发出不同的声音，而不要被权威的意见左右，更不要迷信权威。

（3）即使别人都说你是错的，你也应该认真地验证自己正确与否，从而更加有力地坚持自己的意见和观点。

（4）在反复验证自己是正确的情况下，你一定要坚持、坚持、再坚持，不要随声附和。

（5）只有坚持，你才能获得最终的胜利，才能成为一个与众不同的、有独特见解的人。

# 把梦想种在心里，让它为你导航

梦想就像一盏引航灯，指引着我们的人生之舟朝向既定的方向航行，帮助我们实现梦想。然而，在现实生活中，大多数人都没有实现自己的梦想，究其原因，是他们没有坚持自己的梦想，没有将其当成自己人生的引航灯，只是把它作为一个纯粹的梦想、一个说说而已的梦想，说完了，就抛诸脑后了，就忘记了。而那些凤毛麟角的成功者，他们之所以成功，恰恰是因为他们坚持自己的梦想，始终在为自己的梦想不懈地努力。也许你会说你也有梦想，但是，你切实去做了吗？梦想的实现不是源于口头或者一时的想法，而是源于长久不懈的努力和一点一滴的积累。

有个叫罗迪的英国退休教师，一天，他在阁楼上整理自己的物品，发现了一叠练习本。这是他50年前所教的那批学生的作文，题目是：未来我是……

罗迪随便地翻着，很快他就被孩子们那些五花八门甚至出奇的梦想吸引住了：一个小家伙说，未来的他会成为海军大将，指挥着全国的海军部队，威风得很；有一个男孩说自己将来会成为法国总统，因为他的爷爷是个法国人；有一个小姑娘说，她将来会成为王妃，和王子坐着南瓜车，并住在城堡里；有一个盲童，说自己想成为内阁大臣；还有想成为海豚训练师的，有想当领航员的，有想成为香水制造师的……孩子们的梦想千奇百怪，天马行空。

看着看着，罗迪忽然产生了一个想法：曾经有过梦想的孩子，现在在做什么呢？他们是否实现了当初的梦想呢？他想把这些本子还给50年前的那些孩子。于是他在很多报纸上刊登了这则启事。

一年过去了，那叠练习本渐渐被人领走了。他们感谢老师还留着50年前的作文，他们看到自己当初的梦想，都感动得流下了眼泪。可是，他们谁也没有实现自己的梦想。最后，还剩下一个练习本没人认领，它的主人就是那个想成为内阁大臣的盲童大卫。罗迪想，也许大卫无法看到报纸，不知道这个消息吧。

就在罗迪想把那个本子收藏起来的时候，他收到了内阁总理大臣布伦克特的一封信。他在信中说："亲爱的罗迪老师，那个叫大卫的孩子就是我。感谢你还为我们保存着儿时的梦想，但是我想我不需要那个本子了，因为从种下那个梦想后，它就一直存在于我的脑海中，我一天也没有忘记。50年过去了，我可以自豪地说，我实现了那个梦想！"

作为老师，罗迪一定认为那个盲童的梦想在所有学生的梦想中是最难实现的，因为他的双目看不到任何东西，这就注定了即使他像常人一样生活也必须付出加倍的努力，更何况成为内阁大臣呢？出乎他意料的是，在所有健全的学生之中，没有任何人实现了自己的梦想，只有这个盲童实现了——他成了内阁总理。因为他一直把梦想刻在自己的脑海里，甚至超越了自己的梦想。从大卫的身上，我们应该得到启迪：从今天开始，也把自己的梦想刻在心里。

## 心态悟语

（1）不要因为有些事情遥不可及就放弃。随着时间的流逝，只要你不断地努力，它终将被实现。

（2）梦想即使非常遥远，只要你一步一步地跋涉，终有一天，你会实现自己的梦想，甚至超越自己的梦想。

（3）你想成为怎样的人，你最终就会成为怎样的人。你的未来取决于你的梦想和决心。

（4）从今天开始，为自己树立一个远大的理想，并且将其深深地刻在脑海中吧，它会指引你不断地走向成功！

## 自信的人可以战胜任何泥泞

西方有位哲人曾经说过："一个人，从充满自信的那一刻起，上帝就开始伸出无形的手帮助他。"中国也曾有句古话："自助者，天助也。"也许有人会怀疑在这个世界上有没有上帝存在，当然有，上帝就是我们的自信心！自信是一种积极乐观的生活态度，当我们遭遇失败和困厄的时候，我们会质疑自己，甚至会感到自卑。而一旦我们建立了自信，就会变得乐观、豁达，能够笑对生活中接踵而至的灾难和困境。很多时候，生活是否美好，完全取决于你以一颗怎样的心对待生活。由此可见，对待生活，我们一定要有自信心。只要你自信，困难就会像弹簧一样退缩，使你得以展示自己的力量。

在美国历任总统中，有一位总统格外受到人们的尊重，他就是布朗·德拉诺·罗斯福，美国第32任总统。当罗斯福还是参议员时，他潇洒英俊，才华横溢，深受人们的爱戴。

有一天，罗斯福在加勒比海度假，游泳时突然感到腿部麻痹，动弹不得，幸亏旁边的人发现和挽救得及时，才避免了一场悲剧的发生。但经过医生的诊断，罗斯福被证实患上了"脊髓灰质炎"。医生对他说："你可能会丧失行走的能力。"罗斯福并没有被医生的话吓倒，反而笑呵呵地对医生说："我还要走路，而且我要走进白宫。"这种坚定的自信，感染了在场的每一个人。

在第一次竞选总统时，罗斯福对助选员说："你们布置一个大讲台，我要让所有的选民看到我这个患麻痹症的人，可以'走到前面'演讲，不需要任何拐杖。"当天，他穿着笔挺的西装，充满自信，从后台走上演讲台。他的每次迈步都让美国人深深感受到他的意志和十足的信心。

在罗斯福首次履任总统的1933年年初，正值经济大萧条风暴席卷美国，到处是失业、破产、倒闭、暴跌的情景，随处可见美国的痛苦、恐惧和绝望。罗斯福却表现出一种压倒一切的自信，他在宣誓就职时发表了一篇富有激情的演说，告诉人们：我们唯一害怕的就是害怕本身。

正是由于罗斯福的自信和坚强的信念，使得他成为美国政治史上唯一一位连任四届的伟大的总统。

罗斯福是美国政治史上唯一一位蝉联四届的总统，是美国最伟大的三位总统之一。而这一切，都是他在自己身患"脊髓灰质炎"的情况下实现的。年轻有为、意气风发的他，当面对突如其来的疾病时，非但没有像大多数人一样沮丧绝望、自暴自弃，反而发出了豪言："我还要走路，而且我要走进白宫。"这是何等的气魄、何等的自信！正是因为这份自信，造就了这位美国历史上最伟大的总统。

面对命运的沉痛打击，面对生活的困厄，我们应该像罗斯福学习，学习他的积极乐观，学习他的谈笑风生。

## 心态悟语

（1）在平淡的日子里，我们要自信地面对生活中的诸多事情。

（2）在灾难面前，我们要用自信战胜突如其来的沉重打击，使自己勇敢地站起来。

（3）自信是一种顽强的力量，能够帮助我们渡过艰难的时刻，迎来美好的未来。

（4）既然坚强和自信能够造就一位伟大的总统，那么，你的梦想自然也能够实现，只要你足够坚强、足够自信。

# 成功从来不会从天而降

在这个世界上，没有任何一个人想像一棵小草那样默默无闻地度过自己的一生。基本上，每个人都希望自己能够成为璀璨的星星，进入大多数人的视野。对于地上的小草来说，天上的星星简直遥不可及。很多时候，有些人终其一生也无法走完这漫长的行程，于是默默无闻地度过了自己的一生。与此相反，有的人却能够轻而易举地走完这段行程，成就自己辉煌的一生。区别是什么呢？对于有同等能力的人而言，能否摆脱平庸、成为天上的星辰，关键在于能否自信、果敢地行动。大家都知道，自信是采取一切行动的推动力，而果敢则决定了你能否抓住转瞬即逝的机会，实现自己的宏伟志向。在生活中，有能力的人很多，自信的人却很少；曾经面临机会的人很多，能够果敢地抓住机会、采取行动的人却很少。这就注定了这个世界上平庸的人太多，而功成名就的人太少。

布鲁金斯学会是美国一家著名的培训机构，它以培养最杰出的推销员著称于世。从这里走出了数以百计的亿万富翁。该学会有一个传统，就是在每期学员毕业时，设计一道最能体现推销员能力的实习题，让学生去完成，完成的人会得到一只刻有"最伟大推销员"的金靴子。

这一年，恰逢克林顿当政，他们出了这么一个题目：请把一条三角裤推销给现任总统。8年间，尽管有无数学员为此绞尽脑汁，可是没有一个人成功。克林顿卸任后，布鲁金斯学会把题目换成：请把一把斧子推销给小布什总统。

学员们得知8年来都没人能完成这种任务后，都觉得自己也不可能做到，不希望在这件事情上浪费时间，因此许多人都放弃了争夺金靴子奖。他们认为，现任总统什么都不缺少，即使缺少也用不着他们自己去购买，即使推销的物品换了也是一样。然而出人意料的是，2001年5月20日，一位名叫乔治·赫伯特的推销员成功地把一把斧子推销给了小布什总统，他得到了空置26年的金靴子奖。这是自1975年以来该学会的一名学员成功地把一台微型录音机卖给尼克松后，又一位学员获此殊荣。

一位记者在采访乔治·赫伯特的时候，他是这样说的："我认为，把一把斧子推销给小布什总统是完全可能的。因为布什总统在得克萨斯州有一所农场，里面长着许多树。我相信我自己能够做到这一点。于是，我给他写了一封信，信中说，有一次我有幸参观您的农场，发现里面长着许多大树，有些已经死掉，木质已变得松软。我想，您一定需要一把小斧头。现在我这儿正好有一把这样的斧头，很适合砍伐枯树。假如你有兴趣，请按这封信所留的信箱，给予回复。最后，小布什总统果然给我汇来了15美元。"

布鲁金斯学会在表彰乔治·赫伯特的时候说，金靴子奖已经空置了26年。在这26年间，布鲁金斯学会培养了数以万计的推销员，造就了数以百计的亿万富翁。金靴子奖之所以没有授予他们，是因为布鲁金斯学会一直在寻找这么一个人，这个人不因别人说某一目标不能实现而放弃，不因某件事情难以办到而失去自信。

不管什么事情，我们都应该勇敢地去尝试，这样才能真正地知道自己能否成功。在现实生活中，我们经常看到有些人因为与成功失之交臂而追悔莫及，实际上，这些人原本离成功只有一步之遥，他们所差的就是没有亲自去做。毋庸置疑，凡事在切实去做之前，都会存在一些可以预见的困难和阻碍，我们需要做的是想办法消除这些困难和阻碍，迎难而上，而不是被困难吓倒，知难而退。在这个世界上，倘若人人都被预见的困难吓得放弃，那么，就没有真正的成功者了。了解那些成功者的历史后，我们不难发现，大多数成功者都是知难而上才获得成功的。成功就如馅饼，从来不会从天而降。

## 心态悟语

（1）不管别人说一件事情多么难，我们都应该亲自尝试。要记得小学课文《小马过河》中告诉我们的道理，因为每个人的情况是不同的，所以，别人的经验不一定适合我们。

（2）做任何事情都有可能遇到困难和阻碍，我们不应该被这些虚幻的困难和阻碍所吓倒，而应该迎难而上，征服一切困难和阻碍。

（3）很多事情，只要开始了，就相当于成功了一半，因为成功从来不青睐空想家，而只青睐那些敢想敢干的人。

（4）你是一棵小草，要想变成璀璨的星辰，就要勇敢地迈出第一步。

# 不须因别人的审美而改变自己

在这个世界上，没有人是十全十美的，因为这个世界根本就不存在十全十美的人。面对众多的审美标准，你觉得自己美吗？只怕即使再美丽的人也无法得到所有人的认可与喜爱。既然如此，我们为什么非要得到别人的认可呢？要知道，对于一个人而言，即使他再怎么美丽，一旦失去了自己的特色，也就变成了一副没有灵魂的躯壳。所以，与其逢迎别人，不如做真实的自己。因为对于一个人来说，最重要的是与众不同，而不是与别人整齐划一。试想，假如这个世界上每个人都长着一模一样的美丽的面孔，那么，何所谓美丽呢？那就既没有美也没有丑，有的只是枯燥和乏味。上帝造人的时候之所以让每个人都长得不一样，甚至连每片树叶都不一样，正是为了使这个世界变得更加绚丽多彩。

安德森是美国的一名普普通通的模特经纪人，20世纪80年代，他当时的生活虽不至于穷困潦倒，但也日渐拮据。就在他对生活渐渐失去希望的时候，他看中了一名大一女生。这个女孩来自美国伊利诺伊州的一个蓝领家庭，平时身穿廉价衣服，也从不化妆，唇边还长了一颗大黑痣，对时尚话题更是一点儿也不感兴趣。每年夏天，这个女孩都要和朋友一起，在家乡的玉米地里剥玉米穗，以赚取来年的学费。

安德森说服了她和她的父母，将这位带着田野气息的女孩介绍给各个模特经纪公司，却遭到了一次次的拒绝。有的人说她粗野，有的人说她没有气质，归根结底，所有人都说她唇边的那颗大黑痣太难看了。后来，安德森给女生拍了一系列照片，并且把唇边的那颗痣小心翼翼地隐藏起来，果然，这次公司觉得满意了。很多模特界的前辈劝告安德森，把痣除去以后，说不定她会成为一个抢手的模特。但是这个自信而坚定的女孩子说："算了吧，我没觉得它不好看，我就是不拿掉它！"

安德森被这个女孩的坚持感动了，而且他有一种预感，这个女孩日后一定会成功。于是，他坚定不移地对女孩说："你要相信自己，有一天你一定会出名，到时候全世界都要靠这颗痣来认识你！"

几年后，这个不起眼的女生果然成为炙手可热的模特，她就是超级名模辛迪·克劳馥。她的长相被人评价为"超凡入圣"，她的嘴唇被人称作芳唇，芳唇边赫然入目的就是那颗今天被视为性感象征的大黑痣。

辛迪·克劳馥在回忆她的成名之路时感慨道，幸亏当年遇到了安德森，他告诉她要相信自己，保住了她脸上的这颗痣。若没有了那颗痣，她只能算作一个通俗的美人，拍几次廉价广告，也许会有一点小小的名气，但用不了多长时间就会被淹没在众多美女中，然后她依然要回到家乡的玉米地里剥玉米穗，为来年的学费奔波忙碌。

辛迪·克劳馥的唇边长着一颗大黑痣，而很多人的心里长着一颗朱砂痣。因为坚持，坚持不去掉这颗无辜的大黑痣，辛迪·克劳馥成了众人瞩目的世界名模。而对于我们来说，不仅容貌如此，当我们面对很多外在或者内心条件的时候，都应该怀着一颗宽容的坦然接受的心。因为每个人都有缺点，都有不足，我们要学会接受自己。试想，如果一个人连自己的不完美都不能接受，又怎么能宽容地对待别人呢？学会宽容，首先要宽容自己。学会自信，首先要相信自己，坚信自己是一颗与众不同的明珠。

## 心态悟语

（1）不管你的外貌是美还是丑，那都是父母赐予你的，你要爱惜它。

（2）不管你有怎样的缺点，你都要尽量改正，但是不能因此嫌恶自己，因为那个缺点有一天也许会变成优点，当然，前提是你足够自信。

（3）你想拥有一张明星脸吗？其实，千篇一律的明星脸远远没有你天然纯粹的脸更能吸引别人的注意。

（4）真正的门槛在你的心里，而不在别人的眼睛里。

（5）只有坚信自己是一颗明珠，你才能绽放出与众不同的光彩。

# 白纸的力量和信心的力量

很多时候，我们总是过于在意别人的看法和想法，而忽略了自己的内心。一旦别人没有及时地肯定我们，我们就会忐忑不安，甚至开始怀疑自己。其实，所谓的自信，是自己给自己的，而不是别人给的。依靠别人的评价才能评估自己的人并非真正地自信，只有发自内心地对自己信任，才是真正地自信。真正自信的人，在面对困难的时候，能够坦然相对，不会惊慌失措。真正自信的人，不会患得患失，更不会怀疑自己。有时候，我们因为缺乏自信而打起了退堂鼓，依靠别人给我们的支撑才得以渡过难关，殊不知，别人所给的支撑只是一张白纸，真正的自信其实来源于内心。

从前，在法国的南部有一位年轻的姑娘，她天资聪颖、酷爱唱歌，但很少有登台表演的机会。这一天，机会终于来了，她被一个音乐团看重，被邀一起参加演出。这是她第一次登台演出，她内心十分紧张。站在后台，想到自己马上就要上场，面对上千名观众，她的手心都在冒汗，心想："要是在舞台上一紧张，忘了歌词怎么办？"越想，她心跳得越快，甚至产生了打退堂鼓的念头。

就在这时，一位前辈笑着走过来，随手将一个纸卷塞到她的手里，轻声说道："这里面写着你要唱的歌词，如果你在台上忘了词，就打开来看。"她握着这张纸条，像握着一根救命稻草，匆匆上了台。也许是因为有那个纸卷握在手心，她的心里踏实了许多。她在台上发挥得相当好，完全没有失常。观众给予她热烈的掌声，她成功走出了歌唱事业的第一步。

她高兴地走下舞台，走到那位前辈跟前向他致谢。前辈却笑着说："你不用感谢我，是你自己战胜了自己。你拥有自信，一切都可以实现。其实，我给你的，是一张白纸，上面根本没有写什么歌词！"她展开手心里的纸卷，果然上面什么也没写。她感到惊讶，自己凭着一张白纸，竟顺利地渡过了难关，获得了演出的成功。

"你握住的这张白纸，并不是一张白纸，而是你的自信啊！"前辈说。她拜谢了前辈，并深深地记住了人生的第一次演出，她知道，自己在以后的演出生涯中，再也不需要那张歌词纸了。在以后的人生路上，她凭着自信，战胜了一个又一个困难，取得了一次又一次成功。

当你知道自信只是一张白纸的时候，你就再也无所畏惧了。在生活中，我们也应该尽量抛弃那些盲目自信的白纸，有勇气独自面对一切挑战。很多时候，我们必须揭开自信的面纱，让自己真切地意识到，真正的自信其实来源于我们的内心。

## 心态悟语

（1）当你觉得不自信的时候，你不妨问问自己怕的是什么。因为，自信的那张白纸不仅别人能够给你，你也可以为自己准备。

（2）当你发现为自己准备的自信白纸其实毫无用处的时候，你就有了自信，有了独自面对挑战的勇气。

（3）两手空空地登上自己的舞台吧，只要你从容应对，你就能发挥出自己最真实的水平，意外的失误是不存在的。

（4）从此，你抛开了自信的白纸，成了一个真正充满自信的人。

# 成就自己，
# 从决定要做的那一刻开始

在这个世界上，没有任何成功是一蹴而就的，我们总是看到别人如何辉煌，却忽略了他们曾经的努力和他们所经历的无数艰辛。其实，一个人，不管他获得了多么大的成功，他的开始都是非常简单的，甚至是微不足道的。正是因为他从不自轻自贱，而是坚定不移地做着自己想做的事情，所以，他最终获得了万人瞩目的成功。所以说，成就自己，始于你决定要做的那一刻。

# 从最简单的事情做起，滴水亦可穿石

很多时候，我们的人生理想看起来遥不可及，这直接导致很多人经常立志，却没有勇气坚持到最后。因为实现的过程过于漫长，使人无法坚持。而对于那些比较容易实现的阶段性目标，人们则能够从实现的过程中获得对自己的认可，从而更加不懈努力。由此可见，许多人并非一蹴而就地取得成功的，而是从最简单的事情做起，一步一个脚印地走向成功的。那些被众人无限敬仰的成功者，都是从最简单的事情做起的，他们的成功，贵在坚持做那些不起眼的小事情，滴水石穿。

汉姆患有严重的恐高症，而他却在1983年徒手攀登上了纽约帝国大厦，并创造了徒手攀登人工建筑物的吉尼斯世界纪录，赢得了"蜘蛛侠"的称号。

美国恐高症康复联合会主席诺曼对此感到大为惊讶，一个连站在一楼阳台上都会心跳加速的人，竟然能徒手攀登上400多米高的大楼，这真是一个令人难以相信的事实，他决定亲自去拜访汉姆，想向他请教一下登上帝国大厦的秘诀。

诺曼来到汉姆家，他们正在举行一个庆祝会。十几名记者正围着一个老太太进行采访。原来，汉姆97岁的老祖母听说他创造了一项吉尼斯世界纪录，特地从100公里外的家赶来，而且这位老人居然是徒步走来的，她想以这个行动为汉姆祝贺，谁知老人在无意之间又创造了一项耄耋老人徒步行走的吉尼斯世界纪录。

《纽约时报》的一位记者向老人提问："老人家，当你决定徒步前来的时候，是否想过这一百多千米的路途对你的体力是个很大的考验呢？"

"小伙子，"老人笑了笑，接着说道，"当你打算一口气跑100千米的时候，确实是需要勇气的，但是走100米是不需要勇气的，只要你走100米，接着再走100米，然后再走100米，100千米就这样走完了。"

诺曼站在一旁，听到老人的这番话，顿时知晓了汉姆攀登上帝国大厦的秘诀。

如此简单的道理，在现实生活中，很多人却不明白，所以，他们总是在实现自己理想的过程中半途而废。倘若我们也能够借鉴汉姆和其祖母的方法，分解自己的远大理想，使其变成一个个容易实现的目标，那么，我们就更容易实现自己的理想，获得成功。

## 心态悟语

（1）成功并非我们想象中的那般艰难和遥不可及，只要我们能够从最简单的事情做起，我们就离成功越来越近。

（2）要学会分解自己的目标，使远大的理想变成一个个易实现的阶段性目标，这有助于你坚持实现自己的理想。

（3）想想100米和100千米之间的距离吧，你离成功也是这个距离。不过，年轻力壮的你显然比97岁的老祖母精力更旺盛，所以，坚持对于你来说应该更容易做到。

（4）只要你有恒心和毅力，你就能战胜一切困难，实现那看似无法企及的梦想。


# 不能改变生活，那就融入生活

在满足了最基本的生存条件之后，为什么有的人活得很幸福快乐，而有的人却活得那么艰难和痛苦呢？有人说这是因为生活的不平等，对于这种人而言，活着从来不是一件使人开心的事情；有的人说这是自己的心态问题，这个答案很好，给出这种答案的人往往生活得很幸福，因为他们意识到了生活得幸福与否取决于人们的内心。我们很难改变生活，生活中的困难和苦难总是接踵而至。我们唯一能够改变的就是自己，只有自己改变了，我们才更有力量去为自己创造幸福的生活。所以，不要抱怨生活，而要尝试改变自己。

一个女儿向身为厨师的父亲抱怨她的生活，抱怨事事都那么艰难。她的父亲把她带进厨房。他先烧开三锅的水，然后往一只锅里放了些胡萝卜，往第二只锅里放了一只鸡蛋，往最后一只锅里放入碾成粉末状的咖啡豆。他将它们浸入开水中煮，一句话也没有说。大约20分钟后，他把火闭了，把胡萝卜捞出来放入一个碗内，把鸡蛋捞出来放入另一个碗内，然后又把咖啡倒到一个杯子里。做完这些后，他才转过身问女儿，"孩子，你看见什么了？"

"胡萝卜、鸡蛋、咖啡。"女儿回答。父亲让她靠近些并让她用手摸摸胡萝卜。她摸了摸，注意到它们变软了。父亲又让女儿拿一只鸡蛋并打破它。将壳剥掉后，她看到了那是只煮熟的鸡蛋。最后，他让她喝了咖啡。品尝到香浓的咖啡，女儿笑了。她怯怯地问道："父亲，这意味着什么？"

父亲解释说，这三样东西面临同样的逆境——煮沸的开水，但其反应则各不相同。胡萝卜入锅之前是强壮的、结实的，毫不示弱，但进入开水之后，它变软了、变弱了。鸡蛋原来是易碎的，它薄薄的外壳保护着它呈液体的内脏，但是经开水一煮，它的内脏变硬了。而粉状咖啡豆很独特，进入沸水之后，它们倒改变了水。"哪个是你呢？"父亲问女儿，"当逆境找上门来时，你该如何反应？你是胡萝卜，是鸡蛋，还是咖啡豆？"

面对同样的沸水，胡萝卜、鸡蛋和咖啡出现了截然不同的反应。它们就犹如生活中不同类型的人。有的人虽然看起来很坚强，但是没有韧性，一旦经过生活的磨炼，他们就会变得很软弱，这种人就像胡萝卜；有的人虽然看起来非常坚硬，却有着一颗柔软的心，经过生活的磨炼，他们的内心不再柔软，变得非常坚硬，变得麻木，被动地顺从地接受生活的磨难，这种人就像鸡蛋；有的人则与前面两种人截然不同，虽然他们看起来没有固定的形状，也不够坚硬，但是他们能够融入生活。当生活的湍流变急，他们就顺势改变自己；当生活的水流变得平缓，他们就奔向自己的目标；当生活是冰水，他们就保存自己仅有的热量；当生活是沸水，他们就顺势融入生活。他们反倒改变了生活，使生活越来越接近于自己所期望的那样。毫无疑问，第三种才是真正适应生活的人，他们不但适应了生活，而且顺势改变了生活。他们活得从容而又坦然，从不怨声载道，反而生活得顺心如意。面对生活的沸水，你愿意成为哪种人呢？

## 心态悟语

（1）我们无法完全按照自己的意愿改变生活，在这种情况下，不如相机而动，顺势而为，迅速融入生活。

（2）要想改变生活，首先要改变自己的心态，生活是不愿意为一个整日愁眉苦脸的人展开笑颜的。

（3）既然抱怨无济于事，你不如微笑着面对生活。

（4）生活就像一面镜子，折射出来的是你的内心。

# 独辟蹊径是成功者喜欢的路

在心理学上，有一种从众心理。所谓的从众心理，是指独立的个体很容易受到外界人群的影响，从而改变自己的行为，使其符合公众舆论或绝大部分人的行为方式。在现实生活中，从众现象非常普遍，一般情况下，比较独立、有主见的人很少发生从众行为，而发生从众行为的人大都缺乏主见，喜欢随波逐流。我们不能说从众心理是好的还是坏的，唯一确定的是，大多数成功者都是独辟蹊径、与众不同的。那些成功者往往能够跳出寻常的思维定式，有着使人耳目一新的做法以及想法。毫无疑问，假如一个人墨守成规，就不会有什么大作为。

美国的杰克先生原先从事过沉船寻宝工作，在遭遇那只高尔夫球之前，他的日子过得很平凡。一天，他偶然看到一只高尔夫球因为打球者动作的失误而掉进了湖水中，霎时，他仿佛看到了一个机会。他穿好潜水服，跳进了朗伍德洛岭高尔夫球场的水障湖中。

在湖底，他惊讶地看到白茫茫的一片，足足散落堆积了成千上万只高尔夫球。这些球大部分都跟新的没什么区别。球场经理看了这些球后，答应以10美分一只的价钱收购。他这一天捞了两千多只，得到的钱相当于他一周的薪水。后来，他每天把球捞出湖面，带回家让雇员洗净、重新喷漆，然后包装，按新球价格的一半出售。没多久，其他的潜水员闻风而动，从事这项工作的潜水员多了起来，杰克干脆从他们手中收购这些旧球，每只8美分，这样一来每天都有8万~10万只这样的高尔夫球被送到他设在奥兰多的公司。现在，他的高尔夫球回收利用公司一年的收入已达800万美元。

对于掉入湖中的高尔夫球，别人看到的是失败和沮丧，杰克却说："我主要是从别人的失误中获得益处。"

世界始终处于变化之中，凡事都在不断地发展，所以，我们应该用发展和变化的眼光去看待身边的一切事情，作出最正确的决断。举一个最简单的例子，现在有两片桃林，绝大多数人都走进了其中的一片桃林，只有极少数人走进了另外一片桃林，那么，你跟随谁呢？从众者会选择跟随大多数人，然而，因为前面有很多人摘过桃子，所以你能摘到的桃子很少。与此相反，虽然只有少数人进了另外一片桃林，但是，因为前面摘桃子的人少，所以你反而能够得到更多的收益。虽然这个例子非常浅显，然而道理是明白无误的。由此可见，不管遇到什么事情，我们都应该认真思考和分析，从而作出最正确的判断，千万不要被从众心理影响自己的决断。

## 心态悟语

（1）马上展开行动，不要被固有的思维所局限，而要打破常规，突破禁锢。

（2）要有创造性思维，为生活注入全新的活力。

（3）不要盲目从众，要独辟蹊径，这样才能别有洞天。

（4）当断则断，不要优柔寡断，要像亚历山大一样有决断力、有魄力。

## 适合你，你才能展现出价值

去动物园的时候，人们会惊讶地发现老虎温柔得如同大猫，懒洋洋地，没有丝毫野性。究其原因，是它们的野性在人类驯养的过程中渐渐消失了。很多在温室里长大的孩子，因为家庭条件优越，始终在家人、学校的关怀下成长，如动物园中的老虎一般，没有了应对危机的能力。很多父母原本是出于爱孩子的心理才无微不至地照顾孩子，但是，当孩子长大之后无法适应复杂多变的社会时，这种爱显然变成了害。其实，养育孩子，应该将其放置在比较自然的环境之中，而不要给予孩子过多的保护。否则，就会限制孩子各项能力的发展，甚至让他丧失很多能力。要知道，能够搏击长空的鹰才是真正意义上的鹰，动物园鹰山上的鹰已经不是一只合格的鹰了。

动物园里的小骆驼问妈妈："妈妈，妈妈，为什么我们的睫毛那么长？"

骆驼妈妈说："当风沙来的时候，长长的睫毛可以让我们在风暴中看到方向。"

小骆驼又问："妈妈，妈妈，为什么我们的背那么驼，丑死了！"

骆驼妈妈说："这个叫驼峰，可以帮我们储存大量的水和养分，让我们在沙漠里耐受十几天的无水无食条件。"小骆驼又问："妈妈，妈妈，为什么我们的脚掌那么厚？"骆驼妈妈说："这可以让我们重重的身子不至于陷在软软的沙子里，便于长途跋涉啊！"

小骆驼高兴坏了："哇，原来我们这么有用啊！可是妈妈，为什么我们还在动物园里，不去沙漠远足呢？"骆驼妈妈说："因为这里安全、舒服，虽然外面的世界很精彩，而且沙漠才是最能实现我们价值的地方，但那里有艰辛，更有苦难，难道你不畏惧吗？"小骆驼一脸迷茫地看着妈妈，不知道该说些什么。

骆驼号称"沙漠之舟"。假如一只骆驼只能生活在动物园里，那么，它原本用来蔽风沙的长睫毛、储存水和养分的驼峰、厚厚的脚掌还有什么用处呢？要知道，只有在沙漠之中，骆驼的价值才能够得以实现。为了安逸的生活环境而放弃自己的价值，使自己变成供人玩赏的东西，就会渐渐地迷失自我。

其实，不仅是骆驼，人也是如此。人的本性就是趋利避害，毫无疑问，每个人都喜欢安逸的生活环境，人人都喜欢享乐。然而如果人生只剩下享乐，那么活着又有何意义？我们千万不要像骆驼妈妈那样，因为畏惧沙漠的艰苦就放弃自己的价值，而应该勇敢地实现自己的价值，为整个社会做出贡献。

## 心态悟语

（1）古人云，由奢入俭难，由俭入奢易。生活也是如此，一旦沉迷于安逸的生活环境之中，人们就会失去斗志。正因为如此，越王勾践才会卧薪尝胆，以便使自己时刻牢记国恨家仇。

（2）人生来都是有价值的，我们应该选择属于自己的地方，先实现自己的价值。

（3）如果生活只剩下享乐，就会变得毫无意义。

（4）不要成为动物园里的骆驼，而要成为"沙漠之舟"。


## 成功的秘诀就是敢想更要敢做

在茫茫人海中，只有极少数人通过努力获得了成功，而绝大部分人不是止步不前，就是惨遭失败，甚至还有人始终处于犹豫之中。原因是什么呢？唯一的区别就在于他们是否敢想敢做。不管多么好的设想，假如没有行动作为支撑，就只能停留在空想的阶段。行动是改变一切的力量，只有行动，才能推动我们的生活不断前行。在生活中，大多数人面对恐惧的时候最常采用的方法就是"不做"，其实，克服恐惧的最好办法就是"马上去做"。只要你马上去做了，恐惧和不安就会烟消云散。

有一位年轻的大学生，有一天，他突然发现大学的教育制度有许多弊端，便马上向校长提出。他的意见没有被接受，于是他决定自己办一所大学，自己当校长，以消除这些弊端。他算了一下，当时办学校至少需要100万美元，这可是一笔不小的数目。他是一个穷学生，如果等毕业后去挣，那就太遥远了。于是，他每天都在寝室里冥思苦想如何筹得100万美元。得知他的想法后，同学们都劝他放弃，但年轻人不以为然，他坚信自己可以筹到这些钱。

终于有一天，他想到了一个办法。他打电话到报社，说他明天举行一个演讲，题目叫《如果我有一百万美元怎么办》。第二天，他的演讲吸引了许多商界人士参加。面对台下诸多成功人士，他在台上全心全意，发自内心地说出了自己的构想。演讲完毕，一个叫菲利普·亚莫的商人站起来，说："小伙子，你讲得非常好。我决定给你100万美元，就照你说的办。"

就这样，年轻人用这笔钱创办了亚莫尔理工学院，也就是现在著名的伊利诺理工学院的前身，而这个年轻人就是后来备受人们爱戴的哲学家、教育家冈索勒斯。

在生活中，几乎每个人都曾产生过形形色色的想法，却只有极少数人成功地把想法变成现实，而大多数人都距离自己的梦想越来越遥远。这是因为拖延，在拖延之中，无数人使自己曾经为之激动的想法彻底地变成了一个空想，使自己的一生耗费在无限的拖延之中。一次次的拖延，使我们一次次地落后于人。所以，当有了好的想法或者设想的时候，我们一定要抓紧时间将其付诸行动。只有开始行动了，我们的想法才可能变得有意义。

对于一个年轻的穷学生而言，筹集100万美元去建一所大学，几乎是不可能做到的事情，但是，冈索勒斯做到了。这一切都得益于他在产生想法之后马上去做。如果你也能够像冈索勒斯一样立即开始行动，那么，你就一定能够获得成功。

## 心态悟语

（1）一定要敢于设想，虽然"人有多大胆，地有多大产"的说法是不正确的，但是从某种意义上来说，你的想法还是决定了你的方向。

（2）我们应该执着于自己的想法，不管遇到什么困难，都不要轻易放弃。

（3）一旦想到了，想好了，就不要拖延，而应该立即去做。

（4）哪怕只迈出了第一步，你也相当于成功了一半。

## 找准自己的人生位置

有人曾经说过，"垃圾是放错了位置的宝贝"。由此可见，找准位置是一件非常重要的事情。对于垃圾而言，放在垃圾桶里就是一堆令人绕道而行的垃圾，若是分门别类地放在垃圾回收箱中，它就能够被再利用，甚至变废为宝。

在生活中，不仅垃圾需要找准自己的位置，人更需要找准自己的位置。只有找准了位置，你才知道自己想要做什么，想要过怎样的生活，从而成全自己。倘若一个人浑浑噩噩地过日子，那么，他根本不可能有所成就。做人，既不应该妄自尊大，也不应该妄自菲薄。我们应该正确地评价自己，找准人生定位。

大家都知道，李斯是秦朝的丞相，辅佐秦始皇统一并管理中国，立下汗马功劳。可鲜有人知，李斯年轻时只是一名小小的粮仓管理员，他之所以立志发奋，竟然是因为一次上厕所的经历。

26岁的李斯，是楚国上蔡郡府里的一个看守粮仓的小文书。他的工作是负责仓内存粮进出的登记，将一笔笔斗进升出的粮食进出情况记录清楚。

日子就这么一天天过着，不能说李斯浑浑噩噩，但他也没觉得这有什么不对。直到有一天，李斯到粮仓外的一个厕所解手，当时的见闻，竟改变了他的人生态度。

李斯进了厕所，尚未解手，却惊动了厕所内的一群老鼠。这群在厕所内安身的老鼠，个个瘦小枯干，探头缩爪，且毛色灰暗，身上又脏又臭，让人恶心至极。

李斯看见这些老鼠，忽然想起了自己管理的粮仓中的老鼠。那些家伙，一个个吃得脑满肠肥、皮毛油亮，整日在粮仓中大快朵颐、逍遥自在。与厕所中这些老鼠相比，真是天上地下啊！人生如鼠，不在仓就在厕，位置不同，命运也就不同。自己在上蔡城里这个小小的仓库中做了八年小文书，从未看过外面的世界，不就如同这些厕所中的小老鼠吗？整日在这里挣扎，却全然不知有粮仓这样的天堂。

李斯决定换一种活法，第二天他就离开了这个小城，去投奔一代儒学大师荀况，开始了寻找"粮仓"之路。二十多年后，他把家安在了秦都咸阳的丞相府中。

在现实生活与工作中，你是"在仓"还是"在厕"呢？倘若李斯没有从老鼠身上得到启发，也许他一生注定是个默默无闻的小官吏。然而，正是这个偶然的发现，使他意识到，即使是老鼠，因为所处位置不同，命运也会截然不同的。所以，他才当机立断地改变了自己的人生，最终取得了辉煌的成就。

## 心态悟语

（1）一定要摆正自己的位置，只有站得高，才能看得远，只有看得远，才能走得远。

（2）只要想好了做什么，就马上去做。不要犹豫，不要拖延。

（3）向着既定的方向不断努力，你就一定能够获得成功。

（4）赶快为自己找一个平台吧，成功在向你招手！

# 把自己分内的事做到最好

随着经济的发展，社会步入了"方便面"时代。人们每天都奔波忙碌，匆匆地生活着，还有几个人能够静下心来看看路边的野花和小草？与此同时，人们也变得更加急功近利，恨不得马上就获得成功，而不愿意用心去浇灌成功的小苗，耐心地等待它开花结果。在生活中，很多平庸的人都愤愤不平，他们觉得自己付出了很多，得到的却很少，因此，他们总希望自己能够付出很少，而得到很多，却没有用心反省自身，看看自己为什么没有像别人那样得到赏识、获得成功。

汤姆和杰克差不多同时受雇于一家超级市场。开始时大家都一样，从最底层干起。可不久后，汤姆受到总经理的青睐，一再被提升，从领班一路升到部门经理。杰克却似乎被人遗忘了，还在最底层混日子。终于有一天杰克忍无可忍，向总经理提出辞呈，并痛斥总经理用人不公平。总经理耐心地听着，他了解这个小伙子，工作肯用功也很卖力，但似乎缺少点什么。缺什么呢？

他忽然有了个主意。"杰克先生，"总经理说，"请您马上到集市上去，看看今天有卖什么的。"杰克很快从集市上回来，说刚才集市上只有一个农民拉了一车土豆在卖。"一车大约有多少袋？"总经理问。杰克又跑去集市，回来说有10袋。"价格多少？"杰克再次跑到集市上。总经理望着气喘吁吁的他说："请休息一会儿吧，你看看汤姆是怎么做的。"

说完，总经理叫来汤姆，对他说："汤姆先生，请你马上到集市上去，看看今天有卖什么的。"汤姆很快从集市回来了，汇报说到现在为止只有一个农民在卖土豆，有10袋，价格适中，质量很好，他带回几个让经理看。这个农民过一会儿还弄几筐西红柿上市，依他看价格还公道，可以进一些货。这种价格的西红柿总经理可能会要，所以他不仅带回了几个西红柿样品，还把那个农民也带来了，他正在外面等着回话呢。

汤姆比杰克多想了几步，所以才能在工作上取得成功。

成功并非天上掉下来的馅饼，而是我们一点一滴积累起来的劳动成果。在工作的过程中，你付出了多少，别人都是有目共睹的。假如你觉得自己的付出和收获是不平等的，那么，你首先应该看看自己和别人相比差在哪里。在上述事例中，虽然杰克的各个方面和汤姆都相差无几，但是汤姆青云直上，杰克则始终原地踏步。经过总经理的考察之后，杰克与汤姆的差距显而易见。原来，汤姆之所以能够取得成功，就在于他比杰克多想了一些、多做了一些。反观自身，在工作中，你是汤姆还是杰克呢？也许有人会说，汤姆只不过多问了几句，杰克反倒多跑了几趟市场呢！事实的确如此，不过，总经理需要的是一步到位的高效率的人，而不是几次三番也无法完成工作的人。

## 心态悟语

（1）在完成上司交代的种种工作的时候，我们应该想得比上司更长远、更周全一些。

（2）上司也是人，时间和精力有限，他需要一个能够为他分担的得力助手，而不是拉一下动一下的木偶人。

（3）要有自己的想法，要尽量为上司多想一些，争取把工作一步做到位。

（4）也许，仅须多问几句，你就能够把工作做得更加出色。

## 这世上总有你能做的事

这个世界上没有完美的人，每个人都有自己的长处和短处，我们应该扬长避短，更好地发展。每个人的天赋是不同的，我们无法要求一个人在任何方面都表现良好。因此，我们应该客观地评价别人、评价自己，这样才能更好地了解自己，为自己找到合适的发展领域。

邓肯上高中时，校长对他的母亲说："邓肯或许不适合读书，他的理解能力差得让人无法接受。他甚至弄不懂两位数以上的计算。"母亲很伤心，她把邓肯领回家，准备靠自己的力量把他培养成材。然而邓肯对读书不感兴趣。一天，当邓肯路过一家正在装修的超市时，他发现有一个人正在超市门前雕刻一件艺术品，邓肯产生了兴趣，他凑上前去，好奇而又用心地观赏起来。

不久，母亲发现，邓肯不管看到什么材料，包括木头、石头等，必定会认真而仔细地按照自己的想法去打磨和塑造它，直到它的形状让他满意为止。母亲很着急，她不希望邓肯因玩弄这些而耽误学习。

邓肯最终还是让母亲失望了，没有一所大学肯录取他，哪怕是本地并不出名的学院。母亲对邓肯说："你已长大，走自己的路吧！"

邓肯知道他在母亲眼中是一个彻底的失败者，他很难过，决定远走他乡去开创自己的事业。许多年后，市政府为了纪念一位名人，决定在政府门前的广场上置放名人的雕像。众多的雕塑大师纷纷献上自己的作品，以期自己的大名能与名人联系在一起，这将是无比的荣耀和成功。最终，一位远道而来的雕塑大师获得了市政府及专家的认可。

在开幕式上，这位雕塑大师说："我想把这座雕塑献给我的母亲，因为我读书时没有获得她期望中的成功，我的失败令她伤心失望。现在我要告诉她，大学里没有我的位置，但生活中总会有我的位置，而且是成功的位置。我想对母亲说的是，希望今天的我至少不让她再次失望。"

这个人就是邓肯。在人群中，邓肯的母亲喜极而泣。她终于明白，自己的儿子不笨，只是当年她没有把他放对位置而已。

因为没有发现孩子的特长，邓肯的母亲对自己的儿子感到非常失望。令她万万想不到的是，学习成绩不够优秀的邓肯却在雕塑方面有着独特的才能。其实，这个世界上有很多种行业，读书并非我们唯一的出路。即使再怎么不起眼的行业，只要我们能够将其做到极致，我们同样会使自己荣耀，使母亲荣耀。

## 心态悟语

（1）永远不要放弃自己，要尝试找出自己的优点和长处，使其得到长足发展。

（2）即使你在某一个方面表现得不够优秀，也不要自暴自弃，要相信，你的身上一定有别人所没有的闪光之处。

（3）造物主是公平的，你要相信自己有某种特殊的才能，要相信自己一定能在某个领域取得独特的成就。

（4）你若作为父母，一定要相信自己的孩子；你若作为孩子，一定要相信自己。

## 机会需要行动和魄力的配合

当机会来临的时候，很多人并不能意识到那是一个千载难逢的机会。倘若你能够抓住机会，那么你就相当于成功了一半。然而遗憾的是，现实生活中，并非人人都有这样的魄力，或者说，生活中的绝大多数人都没有这样的魄力，而是任由机会悄悄地从身边溜走。所以，这也就注定了大多数人只能平庸地度过一生。

有一次，一个名叫摩根的年轻人被公司派往古巴的哈瓦那采购海鲜货物。回来的时候，货船在新奥尔良码头作短暂的休憩。闲来无事，摩根便在码头上信步闲逛。

突然，一位陌生的白种人从后边拍了一下他的肩膀，并问他是否有兴趣购买一船咖啡。对任何事都感兴趣的摩根就跟他交谈起来。从谈话中得知，此人是一艘巴西货船的船长，为一个美国商人运来了一船咖啡。可是，货到了，收货人竟破产了，无法接收，他只好就地贱卖抛售。

摩根看了看船长拿出的样品，觉得咖啡的成色还不错，于是果断地全部买下。

要知道，对一位职员来说，作出这样的决定要冒极大风险。第一，摩根初出茅庐，还没有商业实践经验，万一判断失误怎么办？第二，摩根还没有找到合适的买家，万一这批货卖不出去，后果不堪设想。第三，此事还未经过公司批准，万一上面怪罪下来怎么办？

但摩根凭着自己的直觉，果断地买下这批咖啡，然后用电报通知公司。他很快接到公司的回电：赶快退货。这样，摩根陷入了进退两难之境。但是，他相信自己的直觉没错，因此并没有畏惧退缩。于是，他决定向自己的父亲求援。他的父亲也是一个冒险家，对儿子的行为十分赞赏，当即决定投资。受到父亲的支持，摩根索性大干一场，把码头上其他几条船上的咖啡也以很便宜的价格买下来。气魄之大，令人惊叹。不久，巴西咖啡因为受到寒潮侵袭而产量骤减，市场供应量猛然少了许多。物以稀为贵，摩根收购的咖啡价格一下子涨了好几倍。

摩根由此大赚特赚，取得了第一笔巨额的风险收益。此后，摩根创办了自己的公司，进行了一次又一次令人惊叹的"风险投资"，大获其利，并最终成为左右美国经济达半世纪之久的金融巨擘。

对于初出茅庐的摩根而言，能够果断地买下一船咖啡，是需要极大的勇气与魄力的。对于摩根的父亲而言，能够在关键时刻决定投资儿子，也是非常有魄力的。这样两个有魄力的人通力合作，所以才使摩根抓住机会，借助于一船咖啡的机遇狠狠地赚了一笔，为自己未来的发展赚取了第一桶金。这就是机遇。与此恰恰相反的是，在现实生活中，很多人无法识别出哪些是真正的机会，于是，他们总是等到大家蜂拥而上的时候，才明确意识到那是个好机会，然而为时晚矣。如果所有人都知道了一个机会，那么这个机会就不是机会了。所谓机会，最重要的就是抢占。

## 心态悟语

（1）学会分析，准确辨识出哪些是真正的机会。

（2）提升速度，作足准备，一旦机会出现，就要果断地抓住。

（3）机会往往戴着面具来到我们身边，在别人都没有意识到这是个好机会的时候，你一定要果断下手。

（4）机会总是转瞬即逝的，你要牢牢把握住机会。

## 别让梦想在时间的河流中沉没

关于生命，关于漫长而又短暂的一生，几乎每个人都有自己的构想。我们有太多的梦想还没有来得及实现，我们有太多的风景还没有看过，然而，不经意间，时间已经悄然流逝了。对于人生，每个人都有自己的规划和人生蓝图，而要想使自己的梦想逐一实现，我们就要抓紧时间。

美国探险家约翰·戈达德15岁的时候，只是洛杉矶郊区一个没见过世面的孩子，他把自己一辈子想干的大事列了一个表，并把它命名为"一生的志愿"。表上列着：到尼罗河、亚马孙河和刚果河探险；登上珠穆朗玛峰、乞力马扎罗山和麦特荷恩山；驾驭大象、骆驼、鸵鸟和野马……每一项都编了号，一共有127个目标。

当戈达德庄严地把梦想写在纸上之后，他就开始抓紧一切时间来实现它们。16岁那年，他和父亲去乔治亚州的奥克费诺基大沼泽和佛罗里达州的埃弗格莱兹探险。这是他首次完成表上的一个项目，他还学会了只戴面罩不穿潜水服到深水潜游、开拖拉机，并且买了一匹马。20岁时他已经在加勒比海、爱琴海和红海里潜过水了。他还成了一名空军飞行员，在欧洲上空做过33次战斗飞行。他21岁时已经到过21个国家旅行。22岁刚满，他就在危地马拉的丛林深处发现了一座玛雅文化的古庙。同年，他成为"洛杉矶探险家俱乐部"有史以来最年轻的成员。接着他就筹备实现自己宏伟壮志的头号目标——探索尼罗河。戈达德26岁那年，他和另外两名探险伙伴来到布隆迪山脉的尼罗河之源。尼罗河探险之后，戈达德开始接连不断地加速完成他的目标：1954年他乘筏漂流了整个科罗拉多河；1956年探察了长达2700英里的刚果河；他在南美的荒原、婆罗洲和新几内亚与那些割取敌人头颅作为战利品的食人生番一起生活过；他爬上阿拉拉特峰和乞力马扎罗山；驾驶超音速两倍的喷气式战斗机飞行；写了一本叫《乘皮艇下尼罗河》的书；担任专职人类学者之后，他又萌发了拍电影和当演说家的念头，在以后的几年里，他通过讲演和拍片为他下一步的探险筹集了资金。

将近60岁时，戈达德看起来依然年轻、帅气，他不仅是一个经历过无数次探险和远征的老手，还是电影制片人、作家和演说家。戈达德已经完成了127个目标中的106个。他获得了一个探险家享有的所有荣誉，其中包括成为英国皇家地理协会会员和纽约探险家俱乐部的成员。在旅途中，他还受过许多人士的亲切会见。

戈达德在实现自己目标的征途中，有过18次死里逃生的经历。他说："这些经历教我学会了百倍地珍惜生活，凡是我能做的我都想尝试。"

他指出，差不多每个人都有自己的目标和梦想，但并不是每个人都去努力实现它们。"检查一下你的生活，并对自己提出这样一个问题是很有好处的：'假如我只能再活一年，那我准备做些什么？'我们都有想要实现的愿望，那就别延宕，从现在就开始做起！"

一生之中的127个宏伟志愿，约翰·戈达德已经实现了106个。对于他而言，实现这些志愿的经历无疑是一笔非常宝贵的财富。他之所以能够实现这么多的志愿，关键是因为他想到了就马上去做，没有一刻耽误。其实，每个人都应该为自己列一张志愿清单，因为谁都无法确定今天是不是自己生命的最后一天，今年是不是这辈子的最后一年。

## 心态悟语

（1）把今年当成今生的最后一年，完成自己一生的计划。

（2）把今天当成今生的最后一天，完成自己的夙愿。

（3）想到什么事情就马上去做。

（4）列一张清单，把自己想完成的事情都列举出来，一一完成。

# 只有行动，能让梦想实现

人们常说 "想一尺不如行一寸" 。这句话的意思与本节的标题有着异曲同工之妙。很多时候，即使我们有很多的想法、无数的计划，假如不落到实际行动上，那么这些想法和计划就没有任何意义。一百次心动也不如一次行动，即使想得再多，若不付诸行动，就永远是空想。有一位哲人曾经说过，想得好是聪明，计划得好更聪明，但是，只有做得好是最聪明又最好的。

哈里是美国海岸警卫队的一名厨师，他在空余时间帮同事们写情书，写了一段时间以后，他突然发现自己爱上了写作。于是，他给自己定了一个目标：用两到三年的时间写一部长篇小说。定下这个目标之后，哈里就开始行动起来。

每天晚上，别的同事都去娱乐了，只有哈里躲在屋子里写个不停。两年过去了，虽然哈里还没有写出一部长篇小说，但是他已经积累了很多写作经验。就这样整整写了8年，哈里终于第一次在杂志上发表了自己的作品，虽然那只是一个小小的豆腐块而已，稿酬也不算多，但是哈里没有灰心，因为他从中看到了自己的潜能。

从美国海岸警卫队退休以后，哈里仍然写个不停。稿费没有多少，欠款却越来越多了，有时候，他甚至连买一个面包的钱都没有。尽管如此，他依然坚持不懈地写着。朋友们见他实在太穷了，就给他介绍了一份到政府部门工作的差事，可是哈里拒绝了，他说："我要做一个作家，我必须坚持不停地写作。"

又经过几年的努力，哈里终于实现了当年的愿望。为了完成这本书，他整整花费了12年的时间，忍受了常人难以忍受的痛苦。因为不停地写作，他的手指已经变形，视力也下降了很多。不过，这一切都是有回报的。这本书出版以后引起了巨大的轰动，仅在美国就发行了160万册精装本和370万册平装本，这部小说还被改编成电视连续剧，观众数量超过了1亿3000万人。哈里因此获得了普利策文学奖，收入一下子超过500万美元。这部小说就是我们耳熟能详的《根》。

在大多数人看来，厨师与作家之间无疑隔着千山万水，需要不停地跋涉。

然而，自从萌发了当一名作家的念头，厨师哈里就坚持不懈地努力着。在漫长的岁月中，他的付出没有得到任何回报，但是，他始终坚持着。直到12年以后，哈里的付出才得到了巨大的回报，他一举成名。假如他像大多数人一样在开始行动之前就搁置自己的梦想，那么，他将永远是一名厨师，而与作家这一职业无缘。

一句广为流传的广告词说，心动不如行动，尽管行动了未必能够获得成功，但是不行动是万万不会获得成功的。生活不会因为你知道什么而回报于你，也不会因为你想做什么而回报于你。要想从生活那里得到回报，只有一点，那就是你真正做了些什么。在面对困难或者障碍时，一个主动行动的人会积极地改变现状，尽自己所能地克服困难。总而言之，只有行动才能产生切实的结果，只有行动才能助你走向成功。一切伟大的目标和计划，最后都必须落到实际行动上才能实现，所以说，行动是实现梦想的保证。

## 心态悟语

（1）即使空想一万次，也只能是空想。

（2）即使只行动一次，也比空想容易成功。

（3）心动只是虚幻的，行动才是实实在在的开始。

（4）想到了，就立即去做，不要有丝毫的犹豫与迟疑。

# 积极追求，
# 坚持做梦想的开拓者

生活常常赐予我们很多惊喜，这里面有的是"惊"，有的是"喜"。我们该如何面对呢？当生活给予我们接踵而至的磨难和打击时，放弃只会使我们一蹶不振、委靡低落、陷入绝望的深渊。要想战胜它们，我们就必须鼓起勇气正面对待，让自己变得更加坚强。就像一餐饭总要有很多的调味料，我们暂且把磨难当成生活的调味料吧，只要我们用心烹饪，这些磨难就会为我们的生活增加与众不同的味道。在生活中，只有坚持做梦想的开拓者，最终才能实现自己的梦想。

## 苦难是萌发奇迹的养料

《孟子》中记载，"天将降大任于斯人也，必先苦其心志，劳其筋骨，饿其体肤，空乏其身，行拂乱其所为，所以动心忍性，曾益其所不能。"大凡有所成就的人，无一不是遭遇了很多波折。他们虽然在坎坷的命运之旅中艰难跋涉，但从来没有放弃，命运的风浪越汹涌，他们的斗志就越昂扬，从来不自暴自弃。正是因为具备这种精神，他们才创造了奇迹。

布鲁克林大桥因其独特的设计堪称机械工程的奇迹。然而，这座大桥的建造过程更是一个奇迹。

当年，约翰·罗布林接手了这座大桥的设计工作。约翰的头脑极富创新精神，他提出了一个在当时看来几乎不可能实现的设想。所有桥梁专家都劝他放弃这个近似于天方夜谭的想法，只有他的儿子华盛顿·罗布林支持他。于是父子俩共同完成了这个设计方案，并设法找到银行家投资建设，然后他们组织了施工队伍，开始建造这座大桥。

然而遗憾的是，大桥开工仅仅几个月，施工现场就发生了一起灾难性的事故：约翰·罗布林不幸身亡；华盛顿·罗布林受重伤，经过一番努力后，仍旧无法讲话，全身瘫痪。因为只有罗布林父子才了解这座大桥的全部构想，所以人们都认为这座大桥的建造会从此搁浅。

值得庆幸的是，华盛顿·罗布林虽然丧失了说话和行动的能力，但是他的大脑仍是健全的，思维仍和往常一样敏锐。一天，当他躺在病床上的时候，忽然想到了一种和别人进行交流的方式。他用他唯一能动的那根手指敲击他妻子的手臂，通过不同的力度和敲击方式表达不同的意思，然后由他的妻子将他的意图传达给参与大桥建设的工程师们。华盛顿·罗布林用这种办法将他的设计理念传递了出去，布鲁克林大桥就这样建造成功了。

在全身瘫痪、仅有大脑存在思维活动的情况下，华盛顿·罗布林完成了布鲁克林大桥的建造工作，而他所采取的方式更是匪夷所思，即用唯一能动的手指敲击妻子的手臂，从而实现了参与大桥建设的工程师们的交流与互动。换作一般的人，在面对如此沉重的打击时，早就自暴自弃了，但是华盛顿·罗布林没有改变自己的心意，为了实现自己和父亲的梦想而不懈努力着。这正是华盛顿·罗布林与寻常人的不同之处，也正因为此，他才能完成布鲁克林大桥的设计与建造工作，创造了生命的奇迹。

其实，人生就是一个又一个的风浪，而这些风浪正是人心的试金石。那些坚强勇敢的人，在面对风浪的时候，能够鼓足勇气战胜苦难，扬帆远航；而那些胆怯畏缩的人，面对风浪的时候只会哭泣逃避，不是被风浪打倒，就是眼睁睁地看着风浪把自己淹没。其实，风浪恰恰是考验我们信心的好时机。因为苦难，我们能更加深刻地认识自己、了解自己、改变自己、超越自己。所以，敞开胸怀迎接生活的苦难吧，只有经过苦难的洗礼，你才能茁壮成长、创造奇迹。

## 心态悟语

（1）没有人的一生是一帆风顺的，只有经历过苦难洗礼的人，才能得到生活的馈赠。

（2）如果一遇到困难就一蹶不振，那么，你的人生注定与成功无缘。

（3）面对苦难，优秀的品质闪烁出更加耀眼的光芒。

（4）苦难是人生的试金石，能够区分出强者与弱者。

## 绝境，是天才的进身之阶

在生活中，我们经常会遭遇困境，甚至会身陷绝望的境地。在这种情况下，我们应该怎么做呢？如果放弃，那只能是死路一条。如果能够采取积极的措施，那么，也许还能绝境逢生，甚至扭转局面，创造奇迹。逆境中总是蕴含着无限的希望，不管前面的路多么难走，只要我们坚定自己的信念，勇敢地去开辟属于自己的路，我们的人生就一定能够"绝处逢生"，拥有充满希望和光明的美好未来。

20世纪90年代，日本经济处于大萧条时期，很多中小企业相继破产。东京一家水果公司的业绩也大幅下滑，公司处于破产边缘。

但是，这家公司的老板不甘心自己一手经营的公司就这么倒闭，于是每天绞尽脑汁想解脱之道。终于有一天，这位老板想到了一个好办法。他去一个上好的苹果产地预购了一批苹果，在这些苹果还处于成长阶段时，就将一种标签纸贴在苹果的表面，这样一来，当苹果红了之后，贴有标签纸的地方就会留下相应的空白。

预购完苹果，他就从自己的客户名单中挑选出大约二百名大订单客户，把他们的名字写在透明的标签纸上，然后请人一一贴在苹果表面，等到苹果熟之后送给相应的客户。结果几乎所有的客户收到这一礼物时都非常感动，随即增加了与这家水果公司的订购量。

一年后，许多经营水果的公司相继倒闭，只有这家公司的生意反而越来越好，营业规模非但没有萎缩反而扩大了几倍。

在上述事例中，如果那个老板因为悲观绝望而选择放弃，那么等待他的必是倒闭的命运。与此相反，他积极地想办法与老客户取得联系，最终，他的营业规模非但没有萎缩，反而出人意料地扩大了好几倍。这就是机遇，机遇隐藏在绝境之中。

其实，这个世界上并没有真正使人绝望的处境，只有对处境感到绝望的人。大文豪巴尔扎克曾经说过，"绝境，是天才的进身之阶，是信徒的洗礼之水，是能人的无价之宝，是弱者的无底之渊。"由此可见，面对所谓的"绝境"，关键在于你拥有怎样的心态。绝境不只是一场磨难，更是人生的一种升华。很多时候，顺境使人们丧失斗志，沉迷于温柔乡中不思进取，甚至使人贪图享乐、自甘堕落；而绝境能激励坚强者，使之斗志昂扬，始终坚持不懈地努力，直至改变命运为止。面对人生的各种境遇，我们没有其他的选择，只能学会从容地驾驭自己的人生。

**心态悟语**

（1）面对绝境，只有积极地采取措施，才会使你有可能创造奇迹。

（2）绝境之中往往蕴涵着机遇，关键在于你能否把握住这个千载难逢的时机。

（3）人生没有真正意义上的绝境，使你陷入绝境的是你绝望的心。

（4）不管什么时候，都要怀有希望，不放弃，这样才能创造生命的奇迹。

# 强者是踏着失败走向成功的

在这个世界上，大多数人的一生都伴随着无数个失败，面对失败，有的人能够鼓起勇气重新来过，所以他们成功了；而有的人只知道悲观绝望，这就注定了他们的一生必然碌碌无为。纵观那些"发明家""文学巨人"的成功史，我们可以发现，大多数功成名就的伟人，都有着坎坷挫折的人生，而他们之所以能够获得成功，正是因为他们从不放弃，更不会自暴自弃。他们能够正确地对待失败，从失败中吸取经验和教训，从而踏上成功的康庄大道。

有一家专业杂志统计了一些诺贝尔文学奖得主曾经被退稿的遭遇，以此鼓励那些在困难面前意志消沉、容易放弃的人。

叶芝，1923年诺贝尔文学奖得主，爱尔兰诗人，被退回的作品为1895年的《诗集》，编者对这部作品的评价是：读起来毫不悦耳，又不燃烧想象力，而且不启迪思考。

萧伯纳，1925年诺贝尔文学奖得主，英国剧作家，被退回的作品为其代表作《人与超人》，出版商对他的评价是：他永远不会成为一般人心目中的流行作家，甚至一点钱都赚不到。

高尔斯·华绥，1932年诺贝尔文学奖得主，英国小说家，被退回的作品为其代表作《福尔赛世家》第一部，退稿人说的是：作者写这部小书纯属自娱，全不理会广大的读者，因此可以说毫无畅销因素。

福克纳，1949年诺贝尔文学奖得主，美国小说家，被退回的作品为其代表作之一《避难所》，出版商的评价是：老天爷，如果这本书也能出版，我们还不如一块去坐牢呢。

海明威，1954年诺贝尔文学奖得主，美国小说家，被退回的作品为短篇小说集《春潮》，出版商说：如果出版这本书，我们不仅会被视为品质恶劣，甚至会被视为异常残忍。

贝克特，1969年诺贝尔文学奖得主，爱尔兰戏剧家及小说家，被退回的作品为其小说代表作《马龙死了》，编辑部认为：这部小说毫无意义，又不吸引人。

辛格，1978年诺贝尔文学奖得主，美国犹太小说家，被退回的作品为《在父亲那里》，评论是：太过平凡。

戈尔丁，1983年诺贝尔文学奖得主，英国小说家，被退回的作品为其成名作《蝇王》，出版商的评论是：你未能将看起来有潜质的构思成功地发挥出来。

上述列举的这些诺贝尔文学奖的获得者，假如他们在失败之后一蹶不振，不再勤于笔耕，那么，他们必将与诺贝尔文学奖无缘，甚至还会脱离文学创作的轨道。值得庆幸的是，他们没有，即使面对失败，他们依然能够坚持在文学创作的道路上走下去，最终获得了巨大的成功。虽然我们不能像他们一样获得诺贝尔文学奖，但是，我们还是有很多平凡的事情可以坚持的。例如，当工作上遭遇挫折的时候，我们应该坚持再坚持。哪怕一时被误解，或者得不到认可，或者努力没有获得成功，我们也应该激励自己，继续为之努力。

在生活中，那些自暴自弃、悲观绝望的人总是为自己的命运自哀自叹，其实，他们的失败并非源于命运的不公，而是因为他们没有战胜困难和挫折的勇气。要知道，挫折只能击退弱者，真正的强者是不会被挫折吓倒的。

## 心态悟语

（1）失败是成功之母，也许下一次失败之后就是成功。

（2）遭遇挫折不是自暴自弃的借口，真正的强者是不会被挫折吓倒的。

（3）世界上没有一帆风顺的人生，我们要学会调整心态，坦然面对人生的坎坷和挫折。

（4）不经历风雨，怎能见彩虹。坚持到底就是胜利！

# 希望，是风浪中扬起的帆

莎士比亚说："治疗不幸的药，只有希望。"希望，是心灵的一剂良药。很难想象，没有希望的生活，我们将是怎样地沮丧、悲观，而希望之于人生，恰如机油之于汽车。一辆汽车，只有拥有好的机油，才能拥有强劲的动力。希望，带给人生以活力、企图、坚强与生命力。希望，是一种发自内心的情绪和希冀。对于每一个人来说，生活都是一面镜子，你对它微笑，它便对你微笑；你对它愁眉苦脸，它便以哭脸对待你。只有满怀希望的人，才能够从内心深处绽放希望的笑颜，才能够得到生活回报的笑脸。只要你的内心深处怀有希望，不管处境多么糟糕，生活的镜子都会为你折射出光芒，照耀你的人生。

法国小男孩布莱耶7岁那年，不小心被利器刺伤了眼睛，不久便双目失明了。

几年后，布莱耶就读于一家盲人学校，开始学习用手指摸读26个字母。当时用于盲人摸读的字母很大，一篇短文就得用几个大本子刻写，非常不方便。布莱耶下定决心要发明一种使用方便的摸读法。后来，他听说一位法军上尉能在黑暗中写字，认为这对他非常有帮助，于是专程去求教。经过潜心研究和反复探索，布莱耶终于发明了一种简便科学的摸读法。

在布莱耶的精心辅导和帮助下，一位双目失明的姑娘熟练地掌握了这种摸读法，并将它用于弹奏钢琴。在一次音乐会上，这位姑娘的钢琴独奏引起了轰动，人们的掌声经久不息。在致感谢词时，她说道："在这里，我首先要感谢的就是布莱耶先生，是他教会了我这个盲人认字，这样我才有可能弹奏钢琴。"

当人们对布莱耶报以热烈的掌声时，他激动得热泪盈眶，说道："这是我一生中第三次流泪，第一次是7岁失明时，那时我感到前途一片黯淡；第二次是我发明了这种简单的摸读法后，我感到重新燃起了生活希望；而这一次，是因为我觉得我不是一个失败者。一个人只要拥有希望，就永远不会无路可走。"

对于一个人而言，最大的资产是希望，最大的破产是绝望。希望是生活的风帆，如果没有希望，我们就会失去人生的方向。只有充满希望，才能够在人生的大风大浪之中扬帆起航。如果一个人的内心被绝望的乌云笼罩，那么，他就无法看到生命的光芒，人生也会暗淡无光。

## 心态悟语

（1）希望是人生最大的财富，如果没有希望，即使有再多的钱，也是贫穷的人。

（2）一个内心充满绝望的人，不管做什么事情，都很难获得成功。

（3）希望，是心灵的一剂良药，能够治愈人生的疾病。

（4）不管什么时候，只要满怀希望，命运就不会弃你于不顾。

# 跌倒，让我们学会更好地站立

人生就像一条坎坷不平的路，有的地方平坦，有的地方凹凸不平，需要我们一步一步耐心地去走。也许，我们会摔得鼻青脸肿；也许，我们会碰得头破血流。但是，只要我们勇敢地站起来，就能够战胜一切坎坷和挫折。很多事情，仅仅依靠他人的指导是没有用的，我们必须亲自去体验，才能够获得最好的体验，才能够吸取更多的经验和教训，才能够在未来的人生之路上走得更好。

小马驹刚生下来的时候，就像从水里捞出来的一根木棒一样，它使劲地支撑着前腿，试图站起来，但是没过多久就倒下了。它就这样站起来，倒下，再站起来，再倒下，一次又一次。

这时，母马走上前去，用鼻子对着湿漉漉的马驹喷出气来。小马驹嗅到母亲的气味，顿时有了力量，两条后腿也跟着支了起来。四条腿弯弯地叉开着，然后重重地摔倒。这样反复多次，小马驹终于可以摇摇晃晃地站起来了，并向妈妈走近几步，接着又摔倒了。而母马看到小马驹向它走近一步，就退后一步。小马驹倒下了，母马就站在那里不动。

如果有人看到这一幕，一定认为母马在故意折腾小马驹，想到这么小的生命遭受如此痛苦，就想去搀扶一把。而这时，养马人会拦住他说："别扶，一扶就坏了。一扶这马就成不了好马了，一辈子都跑不好，只能跟在别的马身后。"

一匹小马驹，如果想成为一匹好马，就必须在刚刚降临世间的时候依靠自己的力量站起来，获得独特的体验。依靠自己的力量站起来的小马驹，一定对于生命的历程有着更加深刻的体验。它知道，必须经过一次又一次的努力，必须依靠一次又一次的尝试，才能够勉强依靠自己的力量站起来。这使它学会了在未来的生命旅程中依靠自己的力量去战胜困难，从而直立于世间。

## 心态悟语

（1）跌到时，不要哭泣，因为哭泣无济于事。更不要等待，因为你的命运掌握在自己手里。

（2）跌倒时，必须依靠自己的力量站起来，因为别人给予你的力量不足以支撑你始终站立着，只有你才能给自己这样的力量。

（3）跌倒时自己站起来能够获得一种独特的体验，有了这次体验之后，当再次遭遇挫折的时候，就会更加富于经验。

（4）每一次跌倒，都是为了下次走得更好作准备。

## 想要改变命运，先改变自己的心态

佛说，物随心转，境由心造，烦恼皆由心生。由此可见，拥有怎样的心态往往决定了一个人拥有怎样的精神状态，拥有怎样的生活。心态不好的人往往愁眉苦脸，遇事很容易陷入悲观绝望之中；而心态好的人，则往往乐观豁达，即使面对艰难的处境，也能够积极乐观地对待。在人类几千年的文明史中，但凡拥有健康、财富和幸福等人生重筹的人，都是心态积极的人。

艾柯卡一直在福特汽车公司辛辛苦苦地工作，通过自己的不懈努力，他终于成了福特公司的总经理。然而，在1978年的7月13日，艾柯卡被大老板亨利·福特开除了。在福特工作了32年、当了8年总经理的艾柯卡难以接受这样的打击，对自己几乎失去了信心，他开始酗酒，认为自己已经完了，再没有什么前途了。

就在这时，克莱斯勒汽车公司的董事长邀请艾柯卡出任总经理，艾柯卡接受了这一挑战。艾柯卡上任后，凭借自己的智慧、胆识和毅力，对当时名不见经传的克莱斯勒进行了大刀阔斧的整顿和改革。在艾柯卡的领导下，克莱斯勒公司争取到了政府的巨额贷款，在公司就快经营不下去的惨淡日子里推出了K型车计划，这一计划的成功让克莱斯勒起死回生，并一举成为与通用汽车公司、福特汽车公司并列的美国三大汽车公司之一。

5年后，艾柯卡将一张高达8.13亿美元的支票交到银行代表手里，还清了克莱斯勒的所有债务。事后，艾柯卡深有感触地说："哪怕时运不济，也要奋力向前！"

对于任何人来说，生活都不可能是一帆风顺的。面对挫折，假如你一味地抱怨，那么，你将永远是个弱者。只有调整好心态，改变自己，才能改变命运。阿基米德曾经说过："给我一个支点，我就能撬起整个地球。"事实确实如此，很多时候，推动这个世界的力量就在你的心里，它并不是别人给予的。因此，在面对困境的时候，我们要想改变自己的命运、改变外在世界，就只能从自身出发，从而获得改变自身、改变世界的力量。

## 心态悟语

（1）"给我一个支点，我就能撬起整个地球。"记住阿基米德的话，正是因为有如此的信念，他才能够成为古希腊伟大的哲学家、数学家、物理学家。

（2）不管身处何种境遇，都不能自暴自弃，而应该坚持自己的理想，并为之不懈努力。

（3）生活就像大海，既有波峰，也有波谷；既有风平浪静的时候，也有波浪滔天的时候，我们应该学会面对种种境遇，调整好自己的心态。

（4）记住，唯一能够影响和改变你命运的，就是你的心态。不管什么时候，都要拥有好心态。

## 别难过，一切都会过去

在生活中，我们难免会遇到很多困境，每当这个时候，我们往往会觉得自己已经筋疲力尽、走投无路了，甚至想要放弃努力、随波逐流。然而，不管是顺境还是逆境，不管是荣耀还是耻辱，随着时间的流逝，这一切都会过去。倘若能够想到这一点，你就会意识到，生命所沉淀下来的远远不是那些浮华的东西。也正是因为想到了这一点，你才能够在艰难困厄的时候坚持、再坚持，一直到摆脱逆境为止；你才能够在顺境之中不耀武扬威、不扬扬得意；你才能平实淡定、从容不迫。

古希腊有一位国王，他拥有至高无上的权势和享用不尽的荣华富贵，但是他并不快乐。他可以主宰自己的臣民，却难以控制自己的情绪，不断袭来的种种莫名的焦虑和忧郁常常让他闷闷不乐。

终于有一天，国王再也承受不了这种无形的压力，于是他召来了当时最有名气的智者苏菲，要求他找出一句人间最有哲理的箴言，而且这句浓缩了人生智慧的话必须一语惊人，能让人无论在什么情况下都能保持一颗平常心——得意但不忘形，失意但不伤神。苏菲只沉思了一下，就答应了国王，条件是国王要将佩戴的那枚戒指赐予他。

几天之后，智者苏菲就将戒指还给了国王，并再三叮嘱他，不到万不得已，别轻易取出戒指上镶嵌的宝石，否则它就不灵验了。

没过多久，邻国大举入侵，国王亲自率领部下拼死抵抗，然而寡不敌众，最终整个城邦沦陷敌手，国王只得逃亡。有一天，为躲避敌兵的搜捕，国王藏身在河边的茅草丛中，当他掬水解渴时，猛然看到自己的倒影，不禁伤心起来——当初那个气宇轩昂、威风凛凛的国王，现在变成了蓬头垢面、衣衫褴褛的乞丐模样，这怎能不让人难过呢？国王越想越伤心，后来竟双手掩面准备投河自尽。这时他想到了那枚戒指，于是急忙抠下了上面的宝石，只见宝石里侧刻着一句话——一切都会过去！

看到这句话，国王的心头重新燃起了希望的火花。是啊，没有什么大不了的，这一切终究都会过去的。从此，他忍辱负重，重新召集部下并东山再起，最终赶走了外敌，赢回了国家。当他重返王宫后，第一件事就是将"一切都会过去"六个字镌刻在象征王位的宝座上。

后来，这位国王无论遇到什么事情，都能妥善处理。据说，他在临终前特意留下遗嘱：死后，他的双手要空空地露在灵柩之外，以此向世人昭示那句六字箴言。

倘若不是隐藏在戒指中的"一切都会过去"六字箴言，也许，国王很难承受国破家亡的沉重打击。当看到这六个字的时候，他幡然醒悟，不管是成功还是失败，不管是顺境还是绝境，只要坚持，就终将过去。意识到这个道理后，国王变得无比豁达，因而从容地面对失败，毫不气馁地从头再来。

在生活和工作中，我们也应该时时牢记这六个字——"一切都会过去"。只有牢记这六个字，我们才能坦然地面对此时此刻的无限荣耀，我们才能淡定地面对工作和生活的困窘，我们才有勇气继续在人生的道路上稳步前行。

## 心态悟语

（1）不管是成功还是失败，不管是顺境还是逆境，一切都会过去。

（2）不管是哭泣还是微笑，不管是悲戚还是喜悦，一切都会过去。

（3）坦然面对你现在的处境吧，因为一切都会过去。

（4）只要你能够坚持下去，再艰难的处境也会转好的！

## 温暖他人，也是帮助自己

很多人不喜欢给予，只喜欢索取，因为他们觉得索取比给予更加使人感到幸福；很多人不喜欢索取，只喜欢给予，因为他们觉得给予与付出才是真正意义上的幸福。其实，很多时候，给予并不需要昂贵的付出，只需要你发自内心想使人感到温暖。

有一个出生在密西西比湖畔的乡下女孩，她从小的梦想就是当一名全世界知名的歌星。于是，她怀揣美好的梦想来到了大都市纽约。初到纽约闯荡，她的生活非常拮据，常常因为拖欠房租而被房东责难。为了实现自己的梦想，她只好白天学习声乐，晚上在一个小餐馆当服务生赚取生活费。

一天，室外狂风大作，一个面容憔悴、神情凄苦的老人为躲避狂风走进餐馆。所有的人都用异样的眼光看着他，甚至有人想赶这位寒酸的老人出去，只有这个女孩动了恻隐之心。她知道，在美国，很多老人的晚年都很孤独凄苦。于是，她搬了一把椅子让老人坐下休息，并为他点了一杯热饮，当然，饮料钱由女孩支付。为了让老人开心，她还专门给老人唱了一首美国乡村歌曲，并热情地邀请老人参加她和朋友们的聚会。渐渐地，老人的心情好像舒畅了许多，也露出了开心的笑容。

两个月后的一天，女孩收到老人的一封加急邮件，里面装有一串钥匙和一张巨额支票，看到这些东西女孩惊愕万分，她连忙打开了信。信的内容如下：

"孩子，我年轻的时候收养了三个孤儿，为此我一直没有结婚。可当我含辛茹苦地抚养他们长大成人，并扶持他们创建了自己的事业之后，他们竟抛弃了我这个养父。我退休前在一家公司当工程师，有着丰厚的收入，但是钱对于我这个历经沧桑、快要入土的老头子来说有什么意义呢？我需要的是亲人的爱与温暖。孩子，只有你给过我这种金钱难以买到的感觉。现在，我已回到了生我养我的故乡，我要把我这一生的积蓄和房子都留给你，希望这些钱能帮助你实现你的梦想。"

女孩看完这封信十分感动，心情久久难以平静。为了告慰老人，她用这笔钱出了自己的第一张音乐专辑。随即，这张唱片风靡全球，女孩真的成了一名全世界知名的歌星。她就是当今世界乐坛上鼎鼎大名的歌星——麦当娜。

麦当娜只比别人多做了一点点，就得到了丰厚的回报，除了物质和金钱上的回报以外，她最大的收获是老人的真心。其实，麦当娜所做的，其他很多人都能做到，但是，之所以麦当娜做到了而别人没有做到，是因为别人没有麦当娜那样发自内心的善良与友爱。

生活中那些总是抱怨自己的付出没有回报的人，要记住，付出总是有回报的，如果没有回报，那么只能说明付出的还不够。我们应该学会真诚地付出，人与人之间的关系并不只是简单的物质与金钱的关系，而是心与心的交流与沟通。只有发自内心地关爱别人，发自内心地打动别人，你才能够得到别人无私的馈赠与回报。这一切的出发点，都源自于我们的内心。

## 心态悟语

（1）给予并非大量的物质与金钱的给予，有的时候，给予只是一个慷慨的微笑、一声贴心的问候。

（2）有的时候，给予很多，回报很少；有的时候，给予很少，回报却很丰厚，这一切都要取决于你所给予别人的东西是不是别人所需要的。

（3）给予是一种美好的行为，我们要学会给予。

（4）对于陌生人，我们应该怀有一颗仁爱的心，用自己的爱去温暖他们。

# 肯定自己，
# 每朵花都有自己的芳香

　　快乐不是别人给的，而是发自我们内心的。只有拥有一颗快乐的心，才能拥有快乐。一个人，假如总是抱怨多多，怨天怨人怨父母，那么他就永远不会快乐。古人云，知足常乐，今天我们要说，只有拥有阳光的心态，平和宽容地对待一切事情，你才能够拥有快乐。而在阳光心态中，我们首先要肯定自己。要知道，每朵花都有自己的芳香，肯定自己，才能成为一朵盛开的花儿。

## 心态改变，命运也会跟着改变

如果一个人是正确的，那么他的世界也就是正确的。原本非常简单的一个道理，很多人却无法领悟，更无法以这个道理指导自己的人生。假如我们能够正确认识到这个道理，那么，我们的人生就会少走很多弯路。

张杰是一名刚刚毕业的大学生，他在学校期间非常优秀，获得了老师和同学们的一致好评。然而，大学毕业以后，也许是因为现实太残酷，也许是因为张杰的心态不够好，总之，面对现实生活中的工作状态，张杰非常痛苦。曾经在学校担任学生会主席的他，面对工作的种种不如意，心理落差很大。一年多过去了，张杰的工作丝毫没有进展，他的心情也随之越来越糟糕。最终，他决定休息一段时间，去西藏旅游。

常言道，人有旦夕祸福。在西藏旅游的过程中，张杰乘坐的客车发生了侧翻，张杰身受重伤。卧床养病几个月之后，张杰终于恢复了健康。身边的人惊讶地发现，痊愈之后的张杰仿佛变了一个人。他不再愁眉苦脸，虽然工作的状态依然，但是他以饱满的热情投入到生活和工作之中。当人们问张杰为何会有如此巨大的变化时，张杰说："我已经死过一次了，突然间看开了很多。对于我而言，这生活中的一切，都是命运给我的馈赠。我要爱生活，爱我身边的一切人和事，认真地活着。"

自从心态改变了以后，虽然外界的环境没有发生任何改变，但是张杰变成了一个心态积极、乐观的人。改变自己，寻找并获得快乐，你准备好了吗？

## 心态悟语

（1）不要再怨天尤人、自怨自艾啦，从今天开始，闻闻花香、听听鸟叫，享受生活的馈赠。

（2）改变自己的心态，只有你能给自己真正的快乐！

（3）快乐是发自内心的，不是别人给予的，要主动地寻找快乐。

（4）先改变自己，再寻找快乐，你就一定能够获得快乐！

## 用快乐之水冲淡生活的苦味

生活就是心灵的一面镜子，你的心快乐，你看到的生活就快乐，你的心痛苦，你看到的生活就痛苦。不管谁的生活，其中都必然蕴藏着苦恼和快乐，因为这个世界上没有纯粹的快乐和纯粹的苦恼。快乐和苦恼之于生活，就像手心和手背，是不可分离的。

有一天，城郊的寺庙里来了一位富态的中年妇人。据她说，她最近老是失眠，无论面对多么鲜美的饭菜都没胃口，浑身乏力，懒得动，做什么事都没有激情，很想了却尘缘，遁入佛门……方丈是个懂得医术之人，他听那位妇人描述完，便说："不忙，待老衲先给施主把把脉如何？"妇人点头应允。把完脉，观完舌苔，方丈微微一笑："施主只是心中有太多的苦恼事，体有虚火，并无大碍。"顿了一下，方丈接着说："只是施主心中藏着太多烦恼而已。"中年妇女一被点醒，心里暗叹神奇，便把心中的事情逐一向方丈说明。方丈很随意地跟她聊着："你家相公与施主感情如何？"妇人脸上有了笑容，说："感情很好，耳鬓厮磨十几年从未红过脸。"方丈又问："施主膝下有无子女？"妇人眼里闪出光彩，说："一个小女，很聪明，也很懂事。"方丈又问："家里的布匹生意不好吗？"妇人赶忙摇头说："很好，家里的生活算得上是镇上的富人家了……"

方丈铺开纸墨，边问边写，左边写着她的苦恼之事，右边写着她的快乐之事，然后把写满字的纸放到妇人面前，对妇人说："这张纸就是治病的药方。你把苦恼之事看得太重了，忽视了身边的快乐。"说着，方丈让徒弟取来一盆水和一只猪苦胆，把胆汁滴入水盆中，浓绿色的胆汁在水中淡开，很快就不见了踪影。方丈说："胆汁入水，味则变淡。人生何不如此？施主，不是您承受了太多的苦痛，而是您不善用快乐之水冲淡苦味啊！"

假如我们的心太苦，我们就无法感受到生活的甜；假如我们的心中满溢着甜，苦也就没有那么苦了。很多时候，不是生活本身多么糟糕，而是我们的眼睛没有发现生活中的快乐所在。所以，我们无须消除生活中的苦，只需要牢牢记住生活中的甜。

## 心态悟语

（1）你的生活不可能全部是苦，你要试着发现生活的甘甜。

（2）不妨也像事例中的方丈那样拿出一张纸，为自己生活中的各种滋味列一个清单，看看是甜多还是苦多。

（3）当你发现生活中其实有很多快乐的事情时，烦恼就无法常驻你的心灵。

（4）我们要学会用快乐之水冲淡人生的苦味。

# 静下心来，才能听见最美的声音

这是一个浮躁的时代，每个人都为了自己的利益与生活而奔波忙碌着，我们甚至忙得无暇听任何声音。我们置身于喧闹的人群而丝毫不觉得喧闹，因为我们的心比人群更加喧闹。什么时候才能听到花开的声音呢？当你的心像黎明前的夜一样静谧的时候，你就能够听到花开的声音了。什么时候才能变得快乐呢？当你的心变得越发沉静的时候，那些属于你的躲藏在角落中的快乐，就会飘然而至。它们原本就存在，是你忽略了它们，要想找回它们，你首先应该找回自己。

卡利玛是一个富裕的农场主。一天，他来到自己的谷仓巡视，当他看到工人们有些偷懒时，便激动得破口大骂，在他指指点点的时候，手腕上名贵的金表遗失在谷仓里。他遍寻整个谷仓，也没有找到心爱的手表。于是，他在场门口贴了一张告示：要人们帮忙，谁能找到便悬赏100美元。面对重赏的诱惑，许多人蜂拥而至，无不卖力地四处翻找。奈何谷仓内谷粒成山，还有成捆成捆的稻草，要在其中找寻金表如同大海捞针、犹如登天之难。

到太阳下山时，人们仍然没找到，不是抱怨金表太小，就是抱怨谷仓太大、麦草太多。当他们一个个舍弃了100美元的诱惑、各自回家后，只有一个穷人家的小孩在人们离开之后仍不死心，继续努力寻找。他已整整一天没吃饭了，为了100美元，他希望在天黑之前找到金表，解决一家人的吃饭问题。

天越来越黑，小孩在谷仓内不停地摸索着，突然，他发现，当一切喧闹停止时，有一个奇特的声音，那声音"嘀嗒、嘀嗒"不停地响着，小孩顿时停止寻找，谷仓内更加安静，嘀嗒声显得十分清晰。小孩循声找到了金表，最后得到了100美元，快快乐乐地回家了。

如果喧闹继续存在，孩子无论如何也找不到金表，当然，其他人也找不到，因为他们的耳朵里和内心深处都充斥着喧嚣。当夜幕低垂，内心回归平静时，你就能听到那只金表在角落中发出的滴答声。你忽视幸福和快乐的过程是不是同样如此？看着别人奔波忙碌，你也迫不及待地忙碌着，甚至忘记了自己的内心。其实，不管什么时候，我们都要固守自己的内心，因为，只有这样，我们才能听见花开的声音，才能用心感受生命的美好。

## 心态悟语

（1）外界的环境越嘈杂，我们就越应该保持内心的平静。

（2）在喧闹之中，我们的耳朵几乎失灵；而当内心平静时，我们的心能够听到花开的声音。

（3）快乐始终伴随着你，假如你过于闹腾，它就会吓得悄悄躲起来。

（4）给快乐和幸福一个和美的环境，这样它们才会从你身后悄悄探出头来。

## 心里洒满阳光，人生才会明亮

人的生命离不开阳光的照射，假如没有阳光，鲜花就不能开放，大树就不能成荫，人们就得终日生活在阴郁之中。而阳光，是我们心头的一盏灯，使我们在乌云遮蔽的生命旅程中从来不觉得孤单和寂寞。很难想象，没有阳光这个世界将会怎样。

冬日严寒，卧室的窗户整天紧闭着，屋里十分阴暗。有兄弟二人，年龄不过四五岁，他们看见外面灿烂的阳光，觉得十分羡慕。兄弟俩就商量说："我们可以一起把外面的阳光扫一点儿进来。"于是，兄弟俩拿着扫帚和簸箕，到阳台上去扫阳光。在阳台上，簸箕里很快就盛满了阳光，但是他们刚把簸箕搬到房间里，里面的阳光就倏地没有了。

哥哥挠了挠头皮一本正经地说："阳光太轻，我们要跑得再快一些，这样才能把阳光运到屋子里。"弟弟听后愣了一下，一跺脚就加快了往返的速度。可是，他们刚把簸箕搬到房间里，里面的阳光又没有了。他们并不气馁，一而再再而三地扫了许多次，可是屋内还是一点儿阳光都没有。

这时，正在厨房忙碌的妈妈看见他们奇怪的举动，问道："你们在做什么？"他们回答说："房间太暗了，我们要扫点儿阳光进来。"妈妈笑道："只要把窗户打开，阳光自然会进来，何必去扫呢？更重要的是，只要你们的心是光亮的，屋子里就不会存有阴暗的角落。"

看到上述两个孩子扫阳光进屋的趣事，我们的心中不禁充满了阳光。的确，不管是老人还是孩子，不管是男人还是女人，每一个人都需要给自己的心灵修剪杂枝，让灿烂的阳光照射进来。因为心里洒满阳光，我们才能够以积极的态度去面对生活；因为心里洒满阳光，我们在身处逆境的时候，才能够放歌而行；因为心里洒满阳光，我们的生命才会更加精彩。

## 心态悟语

（1）如果你觉得自己的心情很阴郁，不妨像那弟兄俩一样去扫一些阳光。

（2）不管什么时候，只要心中充满阳光，人生就充满希望。

（3）要想使自己的内心充满阳光，我们首先要拥有积极乐观的阳光心态。

（4）生活中，幸福与快乐都取决于我们的内心，你想快乐，你就会感到快乐！

# 在心中为自己开一扇希望的窗户

人生是一段漫长的旅程，而且没有终点、没有回程。在人生的旅途中，没有人能够预料会发生什么、经历什么，更没有人知道人生的终点在哪里。然而，支撑着人们历经千难万险走下去的，就是希望。希望像是一盏明灯，为黑暗中的人们指引方向。假如没有希望，人生将会充满绝望；假如没有希望，人生的路途将变得遥遥无期，没有尽头。当生活失意的时候，当你感到绝望的时候，不妨在心中为自己开一扇希望的窗户，让春风拂面，让世界充满鸟语花香。

有个囚徒，被关在牢房多年，每天看着四面空空的墙壁，感到心灰意冷。他多想看看外面生机勃勃的世界啊，哪怕每天只看一眼也好。牢房里有扇窗，很高很小。于是，囚徒把唯一的一张床拖到窗下，把被褥叠高，然后凭借床和被褥踮脚往窗外看。可是看过之后，他更加绝望了——窗外除了高墙，便是密如蛛丝的高压电网。没多久，这个囚徒便上吊自杀了。自杀前，他咬破手指，用鲜血在雪白的墙上留下遗言：给我一扇窗。

这个囚徒的死带给人很大的震动，特别是囚徒留在墙上的那句带血的遗言，引起了监狱领导的高度重视，让他们意识到了问题的严重性。于是，监狱领导逐级向政府部门申报，并恳请有关部门调拨资金重新对监狱的牢房进行科学改建。不久，政府下达批文，划拨了一笔庞大的改建基金。

说是改建，其实就是给每个牢房开几个宽大的窗户，让人从里面能看到外面的日出日落，听到附近的狗吠鸡鸣。经过简单的改建，奇迹出现了。越狱案越来越少，被减刑获得新生的囚徒越来越多，监狱的管理也越来越规范、轻松。后来，有记者采访该监狱的监狱长，问到管理监狱的秘密武器是什么。他只回答了一句话："在每个囚徒心里开一扇希望的窗户。"多么精辟的一句话呀！在这个世界上，要想改造一个人，最有效的拯救方式莫过于改造其心灵了。

虽然我们不是囚徒，虽然我们呼吸着自由的空气、享受着自由的生活，但是每个人的心中也是有一个牢笼的。当心情不好的时候，当感到绝望的时候，这个牢笼的空间就会无限缩小，使我们感到压抑，喘不上气来。假如我们能够在自己的心灵上开一扇大大的窗户，使我们的心灵感到轻松、充满希望，那么我们的人生也必将随之改变。

## 心态悟语

（1）为自己的心房开一扇窗，让自己更多地感受到生活的美好。

（2）让自己的心中充满希望，充满阳光，充满鸟语花香。

（3）也许只需要一丝一缕的阳光，就能使人鼓起生的勇气。对于自己，千万不要吝惜这一丝一缕的阳光。

（4）墙上的窗，也是心上的窗，更是人生的希望之窗。


# 付出未必就有"结果"，但是必然有果

为了收获而播下的种子，未必能够长成参天大树，正应了古人所说的，"有心栽花花不开，无心插柳柳成荫。"真正的付出，是不计较回报的。真正的付出，是无私的，也是没有索求的。付出原本是一种享受，一种无心插柳的淡然。假如在付出的时候就设想了未来的收获，你的心中就会满载沉重的负荷，甚至使你感到巨大的压力。因此，想要付出的人，不妨随心播下付出的种子，至于收获多少果实，最好顺其自然。

有一位智者收了众多门生，他在几年里把自己的学识和领悟一点点地传授给了他们。

在这些门生毕业前夕，智者想留下他们中的一位传承自己的衣钵，便召开了一次大会。在会上，智者宣布，他将一视同仁，让所有门徒都参加这次考核。考核的题目很简单，就是让他们每人花一年的时间作一次长途旅行，想传承他衣钵的人一年后再回到他身边汇报这次旅行的心得，接受他的考核。

从学多年，能传承智者的衣钵，当时是每位学徒的理想。大家听后，个个摩拳擦掌、跃跃欲试。这让智者甚感欣慰。门徒一一离开，智者满怀希望地等待着他们陆续归来。一年很快过去，结果让智者大失所望，众多门徒竟没有一位回归门下。一气之下，智者决定关门闭学，打算后半生不再开堂授徒，并跑到好友白隐禅师那儿大吐苦水。

白隐禅师闻后，微微一笑，把智者带到一棵树下，问："你还记得这棵树吗？"智者双手合十，毕恭毕敬地向树深深鞠了三个躬，然后回答说："我怎么能忘记呢，在我落难之时，全靠它替我遮阳蔽日、挡风拒雨，它已经长在我心底了。"

"对啊，在每位门徒心目中，你就是这样一棵树，他们都是在你身边栖息过的鸟。虽然他们没飞回来，但你已长在他们心里了。"

智者大悟。

不久，智者重新开堂设馆，广收天下门徒。

不求回报的付出才是真正的付出，想要得到回报的付出只能算是一种投资，既然是投资，就必然有心理落差，或多或少，总是难以使人心满意足。为了使自己更好地享受付出的乐趣，我们应该无私地付出，这样才能享受到给予的快乐。对于老师来说，总是桃李满天下。而在三尺讲台上辛勤耕耘的时候，老师们却从没有想过学生事业有成之后会回报他们，这是真正的付出。在上述事例中，智者也有千虑一失的时候。他因为门徒没有回来继承他的衣钵而愤愤不平，却忘记了在他落难之时为他遮蔽风雨的大树已经长在了他的心里，这又何尝不是一种别样的回报呢？

## 心态悟语

（1）付出就是付出，付出应该纯粹，而不应该有所希求。

（2）付出的人能够享受到一种给予的快乐，这种快乐本身就是一种回报。

（3）假如一个人在付出的时候就想着回报，他非但无法享受到付出的快乐，反而会给自己的心灵增添负担。

（4）门徒虽然没有回来继承师父的衣钵，但是，师父已深植于门徒的心中了。

（5）对于真心付出的人而言，在播下付出的种子以后，顺其自然就好了。

# 暗示催生信心，信心成就人生

从心理学的角度来说，心理暗示在日常生活中很常见，指的是人们很容易受到外界的愿望、观念、情绪、判断、态度等的影响。心理暗示不一定有根据，它只是一种被主观意愿肯定的假设，然而因为人们在主观上已经肯定了它的存在，所以人们从内心深处总是竭力地趋向于心理暗示的内容。正是因为心理暗示有着如此强大的作用，所以我们在日常生活中也可以用心理暗示的方法影响自己或者别人。很多时候，积极的心理暗示能够使被暗示者产生巨大的变化，甚至做出超出自己预期的成就。

博格斯是NBA（美职篮）历史上身材最矮的球员。他从小就非常喜欢玩篮球，并且梦想着能够参加NBA的比赛。但是他的父母并不看好他。父母觉得他太矮了，自身条件并非很好，那么多比他高的人都没有进NBA，他怎么能轻易进入NBA呢？即便如此，博格斯也没有放弃自己的理想，因为他始终坚信，只要自己肯努力，就一定能够创造奇迹。为此，博格斯不管寒冬酷暑，每天都坚持不懈地练习投篮、运球、传球等篮球技巧。与此同时，他还有目的地锻炼自己的体能，经常在球场与其他人进行篮球比赛。因为长期以来始终坚持锻炼，博格斯的篮球比赛技能得到了很大的提高，无数次赢得了荣誉。即便这样，他身边的人依然不相信他有机会参加NBA比赛，因为博格斯的身高到了一米六之后就再也没有变化。要知道，即使是普通的篮球队，也不会愿意收这种身高的队员，更何况是NBA呢？

博格斯知道自己的优势和劣势，为了弥补自己的不足，他用了比别人多几倍的时间来练习篮球技巧，最终凭借自己的实力代表全镇参加比赛。迈出了第一步之后，博格斯依然勤学苦练，最终真的成了NBA夏洛特黄蜂队的球员之一。虽然他不高，但他是NBA失误最少、表现最杰出的后卫之一。在球场上，他把自己身体矮小的劣势转变成优势，使自己变成了"一颗旋转中的子弹"，灵活异常。毫无疑问，博格斯成功了，而他的成功源于他始终坚定不移地相信自己、肯定自己。

确实，世界上有很多看似无法完成的事情，其实并没有我们所想象的那么难，只要我们相信自己，不断地努力，我们就一定能够获得成功。要知道，很多人之所以失败，是因为他们从未开始，因为胆怯，他们放弃了原本属于自己的机会。"不可能"是懦弱者和胆怯者为自己寻找的借口，是人们对自己的否定和不信任。只有突破这个瓶颈，你才能超越自己，创造奇迹。

## 心态悟语

（1）每个人都有自己的缺点和优点，我们要客观评价自己，正确认识自己。

（2）每个人都有缺点，我们不能因为缺点而限制自己的发展。

（3）扬长避短固然是重要的，如果像博格斯一样把自己的劣势变成优势，则更加令人欣慰。

（4）不管什么时候，我们都要相信自己、肯定自己，只有这样，我们才能拥有强大的力量。

# 放开自己，
## 勇敢地面对眼前的困境

　　不管什么时候，希望都是我们勇敢面对生活的支柱。假如没有希望，生活就会变得无比黯淡，生活中的一切都会使人兴趣索然。只有满怀希望的人，才能够积极地面对生活的苦难，勇敢地战胜面对的困难，成为生活的主人。在漫长而又变幻莫测的人生旅途中，我们只有放开自己，才能看到旅途中更加美丽的风景。

# 太阳一直都在，只等乌云走开

太阳每天都出来，只是我们有的时候看不到它而已。因为它就像一个顽皮的孩子，喜欢躲藏在乌云后面。生活也是如此，生活总是美好的，是值得人们珍惜的，只是有的时候它会跟人们开一个小小的玩笑，使人有点儿措手不及，却又不得不面对。只要你能够乐观地面对，永不放弃，你就必能守得云开。

等车的时候，人们远远地看见一个小孩子拉着妈妈过来了，好像还在争论着什么。待到他们走过来人们才听清楚，原来是在为去不去动物园看大象而争执。小孩子不依不饶："不嘛，不嘛，我就要去动物园看大象。"妈妈劝他："不是早说过了吗，今天出太阳了咱就去，但今天没有出太阳啊，而且天气预报说可能下雨呢，还是改天再去吧。""妈妈骗我，今天出太阳了……"妈妈笑了起来，问道："是吗？那你说说，太阳到底在哪儿。"小孩子抬起头来，东看看西瞧瞧，然后指着天空喊："不是在那儿嘛！""没有啊，那只是乌云而已呀！"

"对呀！"没想到，小孩子一副非常认真的样子，"太阳就躲在乌云的后面呢，等一会儿乌云一走开，不就出来了吗？"

周围等车的人都笑了。是呀，小孩子的话确实有道理：太阳每天都在天空中，有的时候我们看不见它，那是因为它躲在了乌云的后面，一旦乌云散开了，不就出来了吗？

太阳每天都出来，正如生活每天都很美好、很值得我们珍惜一样。当我们的生活偶尔被乌云遮住阳光的时候，不妨想一想这个小孩子的话。记住，永远都有云开的那一刻，只要你坚持下去。

1982年12月4日，尼克胡哲出生了。刚出生的他不仅没有双臂，也没有双腿，只在左侧臀部以下的地方长着一只有两个脚趾头的小"脚"。他的父亲看到儿子居然长成这样，吓了一大跳，跑到医院产房外呕吐起来。即使他的母亲，也始终无法接受这个残酷的现实，直到四个月之后，她才抱起襁褓中的尼克胡哲。在医学上，尼克胡哲这种罕见的现象被称为"海豹肢症"。

因为身体有残缺，尼克胡哲非常痛苦，他10岁时曾经试图把自己溺死在浴缸里，但是他失败了。此时此刻，他的父母已经接受了他身体残缺的现实，并且开始积极地鼓励他战胜困难、努力生存。此后，尼克胡哲创造了一个又一个奇迹，他不但学会了游泳，还学会了冲浪，他不但学会了用仅有的两个脚趾打字，还学会了写字、打高尔夫。尼克胡哲在冲浪板上做高难度旋转动作的图片被发表在美国一家杂志的封面上，此时此刻，尼克胡哲终于迎来了自己的人生，他不再为自己身体的残疾感到烦恼，而是坦然接受。

生命，对于每个人都只有一次，当上帝给你关上一道门的时候，他一定会为你打开一扇窗户。所以，只要你耐心地等待，不放弃努力，坚信乌云终将会散去，你就一定能够迎来属于自己的阳光。

## 心态悟语

（1）人生不可能每天都是阴天，你要学会在阴天耐心地等待晴天。

（2）当遇到无法逾越的困难时，不如想一想温暖的阳光照耀在身上的感觉。

（3）即使此时此刻乌云蔽日，太阳也迟早会悬挂在晴空之中。

（4）人生就如天空，有阴有晴，我们要学会坦然面对。

## 只要心怀希望，人生就没有绝境

希望，是所有人成功的起点；信念，是托起人生大厦的支柱！假如人生中缺少了这两种力量，那么人生一定会苍白无力、一事无成。只有信念坚定的人，才能够创造生命的奇迹。从某种意义上来说，希望是人生的种子，如果没有希望，人生必将无法开枝散叶。信念的力量则是种子的力量，能够鼓舞人们在绝境中坚持下去，直至胜利。因此，不管什么时候，我们都要满怀希望，并且坚定自己的信念，扬起生命的风帆。

一位喜欢旅游的朋友从新疆回来之后，给我讲了一个耐人寻味的故事。

那天，他正在新疆的古尔班通古特沙漠里探险，一场突如其来的沙漠风暴使他迷失了前进的方向。更为可怕的是，他随身携带的干粮和水也在寻求躲避的时候被风沙卷走了。翻遍了全身上下所有的口袋后，他只找到一个已经啃过一口的青苹果："呵呵，不错的，我还有一个苹果呢！"他十分欣喜地叫了起来。

随后，他紧紧攥着那个青苹果，漫无目的地在沙漠里寻找可能的出路。有好多次，当饥饿、干渴和疲劳一股脑儿袭来的时候，他真想一屁股坐下来美美地吃掉那个散发着甜味儿的苹果，但最终还是忍住了。

一天过去了，两天过去了……第三天中午，他拖着沉重的双腿爬上了一座沙丘，终于看见了几座放牧人的帐篷。长出一口气，他慢慢地展开了手，发现那个始终舍不得咬一口的青苹果早已干巴得不成样子了。

听完朋友这个故事，我在深深赞叹之余，也深感惊讶：一个表面上看起来很不起眼的苹果，竟然有如此不可思议的神奇力量！

其实，仔细想一想，这哪里是苹果的神奇力量，分明是朋友坚定信念的力量！

朋友之所以保留着那个青苹果，正是为了保持自己心中的信念，使自己始终留存一份希望。假如手中没有那个苹果，他很可能已经放弃生的希望，也就无法看见放牧人的帐篷。有的时候，生机就在眼前，绝望的人却缺乏坚持到最后的信念和勇气。

很久以前，有一支探险队进入了广袤无垠的大沙漠之中。因为天气突变，他们在风沙之中迷了路。此时，每个人的水壶里都没有水了，大家又饥又渴，在死亡线上挣扎着……眼看无边无际的沙漠，每个人都露出绝望的神情，他们不约而同地感受到了死亡的威胁……就在此刻，队长突然拿出一只沉甸甸的水壶，郑重其事地对大家说："我还有一壶水，不过在我们成功地走出大漠之前，谁都不许喝这壶水。"

听完队长的话，大家都两眼冒光地看着队长手中的水，似乎看到了生的希望。就这样，这壶水从队长手中传到了每个人的手中，队员们满怀希望地感受着那沉甸甸的水壶，似乎看到了生的希望。直至走出了沙漠、摆脱了死亡的阴影，大家才拥抱在一起喜极而泣，当他们用颤抖的手拧开壶盖时，却发现金色的细沙从水壶中缓缓地流淌出来。

到底是谁带领他们走出了绝境？只能说，是队长以沙子当水带给他们的希望与信念。

其实，人生中根本没有真正的绝境，人们不是常说天无绝人之路。不管处于何种境遇之中，只要我们满怀希望，始终坚持，就能够使心中那颗信念的种子生根发芽，就能使我们的生命开出绚烂的花朵！

## 心态悟语

（1）绝望除了使事情变得更糟糕更无望之外，没有任何好处。

（2）不管什么时候，希望都是生命的种子，信念都是支撑人生大厦的支柱。

（3）如果没有希望，人生就会变成茫茫荒漠。

（4）信念的力量是巨大的，是它使人们有勇气和毅力创造生命的奇迹。

## 在生命的旅途中，先为心灵找到方向

人生是有方向的，而主宰人生方向的就是心灵的方向。如果你心情很好，即使窗外下着雨，你也能够笑靥如花；如果你心情抑郁，即使窗外阳光灿烂，你也会像霜打的茄子。由此可见，我们首先要为自己的心灵找到方向，这样我们的人生才会向着我们心中所希冀的那个方向发展。

小丫和小依是双胞胎，她们俩长得都很漂亮，学习也好，而她们的性格却完全不同。小丫心高气傲，总想找一个成功男人做自己的男友，幻想过上奢华的王子与公主的生活。小依虽然条件一点儿不比姐姐小丫差，但是在寻找意中人方面，要求简直太低了。用小依自己的话说，就是"找一个身心健康、爱我且我爱的男人共度一生。"也许因为要求低，小依很快就与一个高高大大的男孩交往了，这个男孩看起来非常诚实憨厚，对小依也很好。对此，小丫却满肚子意见，她不止一次地劝说小依："你条件一点儿不比别人差，干吗要找一个一穷二白的男朋友呢？如今，生活这么艰难，你们什么时候才能享福啊？"对此，小依总是淡淡一笑，因为她知道姐姐小丫无法理解她的幸福。

几年过去了，小丫依然孤身一人，而小依则有了一个可爱的女儿。有的时候，看着小依一家三口幸福地过日子，小丫的心中酸溜溜的。又过去了两年，小丫终于与一位有过短暂婚史的小老板结了婚，她原本以为自己从此过上了锦衣玉食的生活，不承想，小老板仗着有几个钱，只把小丫当成自己的附属品。可怜的小丫，虽然穿金戴银，但是在家中丝毫没有地位，更没有得到丈夫的爱。时至今日，她才幡然悔悟，意识到小依才是得到了真正的幸福。

如今，人们越来越拜金了，年轻美貌的女子都做怀春的梦，只不过这原本瑰丽的少女之梦，因为掺杂了金钱，渐渐地变了味道。小丫和小依对于爱情和婚姻的追求，无疑告诉我们一个真理：不管什么时候，我们都要坚守善良和本分，都不要为了所谓的金钱而出卖自己的感情和灵魂。一切幸福的婚姻，必须建立在毫无功利的基础之上，假如掺得太多，就会变味。

## 心态悟语

人生之中，有太多的诱惑。要想活出真我，就必须固守自己的心灵，主宰心灵的方向，不能迷失自我。

（1）面对诸多诱惑，我们必须想明白自己到底要什么。

（2）人生是一趟没有回程的旅行，千万不能迷失方向。

（3）面对诱惑，我们要有定力，要坚守自己的内心。

（4）天上从来不会掉馅饼，要想有回报，就必须先付出。

## 不要把苦难都放在一个肩膀上

随着时代的发展，人们的生活节奏越来越快，生活压力也越来越大。为了生活得更好，我们应该学会缓解压力，否则，就会被压力压垮。如何缓解压力呢？举个最形象的例子，在挑担子的时候，我们应该学会双肩轮流挑，不要始终把担子放在一个肩膀上。不然肩膀就会被压肿，更严重的会被压垮。

有两个和尚，常常结伴到山下的河里去挑水。和尚A挑完水之后只是轻喘几口气，而和尚B挑完水之后总是累得够呛。

和尚B想：瞧他那身板也没有我的壮，况且挑水的桶也不比我的小，可为什么他挑一担水丝毫不觉得累，而我挑一担水则累得不行呢？

两个人又一次结伴去挑水。来回之后，和尚A似乎什么事也没有，而和尚B却是左肩膀又红又肿，于是他喊住和尚A，说："让我瞧瞧你的肩膀。"

和尚A脱下衣服让和尚B看：两个肩膀啥事儿也没有，只不过微微泛红罢了。和尚B心里开始嘀咕：奇怪，我和他挑同样的担子走同样的路，为什么我的肩膀又肿又疼，而他的肩膀却毫发无损呢？

第三个来回，和尚B就要求两个人换一下水桶来挑。但挑着一担水上来之后，和尚B的左肩膀越肿越大了，而和尚A还是一点儿事也没有。

和尚B越发迷惑不解了，就吩咐和尚A再挑水的时候走在前面，而自己在后面跟着，也好仔细地观察自己挑水和和尚A到底有什么不同，结果仍没有发现两人挑水有什么不同。

如此这般地折腾了几个来回，和尚A也对和尚B的"左肩膀红肿"感到奇怪了，就吩咐他走前头而自己在后面仔细地观察。很快，在走到半山腰的时候，和尚A终于找到了原因，就赶紧喊住他："哎，你怎么不用两个肩膀轮换着挑水呢？"

"用两个肩膀轮换着挑水？"听了这话，和尚B顿时愣住了。

"是呀。人有左右两个肩膀，你怎么只用自己的左肩膀挑水呢？"和尚A边说边挑起自己的水桶，"你瞧，我现在用左肩膀挑水，如果左肩膀累了，就把水桶换到右肩膀上去。如此来回，肩膀又怎么会红肿呢？"

和尚B恍然大悟了：是啊，人有两个肩头，怎么能把担子老放在一个肩头上呢？于是，他效仿和尚A挑水，还是那么长的山道，还是那么重的一担水，但他的肩膀不再疼痛难忍了。

因为学会了缓解压力，所以和尚A轻轻松松地把水挑到了山上，而和尚B

的肩膀却被压肿了。生活也是同样的道理，假如我们始终把生活的重担放在一侧的肩膀上，那么，我们就无法为自己解压，以致直接被压垮。当然，在生活中，缓解压力的方式有很多，并非像挑担子一样只能轮换肩膀。其实，我们也可以在忙碌的工作之余去旅游，从而释放我们的压力。还可以在疲惫的时候泡个热水澡，或者去健身房锻炼。女性朋友还可以练习时下流行的瑜伽，这些都是很好的解压方式。总而言之，只要能使你紧绷的神经放松片刻，使你疲劳的身体得到舒缓的，都是缓解压力的好方式。

## 心态悟语

（1）钱是挣不完的，有钱而没有健康的身体，是人生最大的悲哀。所以我们要学会休息。

（2）工作是别人的，身体是自己的，因为忙于工作而损害自己的身体健康是不值得的。

（3）没有人愿意整日劳累，但是大多数人都为生活所迫，如何把生活的节奏调整好，这是每个现代人都需要面对的问题。

（4）就像小和尚挑水那样，不要把所有的苦难都放在同一侧肩膀上。

# 去经历风雨，才能快速成长

很久以前，人们就发现，处于安逸环境中的人大多没有太高的志向，能力也显得很平常，总之，没有什么特别突出的地方。而那些伟人和成功者，则大多有着坎坷的成长经历，他们曾经吃过很多苦，遭遇过很多波折，却从没有放弃过。人们常说，真金不怕火炼，意思就是说，真正有本事的人是不会因为一时的波折而放弃自己的，他们始终坚持不懈。由此可见，我们要想突破人生的瓶颈，要想取得更好的发展，就不能仅仅局限于自身生活的小圈子，更不能因为贪图安逸而畏首畏尾，不敢踏足外面的世界。要知道，只有经历风雨的人，才能见到绚烂的彩虹，人生更是如此。

大约十年前，卢林作为业务员在一家电话推销公司接受培训。有一次，主管在培训课上用图诠释了一个人生寓意。他首先在黑板上画了一幅图：一个圆圈中间站着一个人，接着他在圆圈的里面加上了一座房子、一辆汽车、一些朋友。

主管说："这是你的舒服区。这个圆圈里面的东西对你至关重要：住房、家庭、朋友，还有工作。在这个圆圈里，人们会觉得自在、安全，远离危险和争端。"

"现在，谁能告诉我，当你跨出这个圈子后，会发生什么？"教室里顿时鸦雀无声，一位积极的学员打破沉默："会害怕。"另一位认为："会出错。"这时主管微笑着说："如果你犯错误了，其结果是什么呢？"第一名回答问题的学员大声答道："我会从中学到东西。"

"正确，你会从错误中学到东西。当你离开舒服区以后，你学到了不曾知道的东西，你增加了自己的见识，所以你进步了。"主管再次转向黑板，在原来那个圈子之外画了个更大的圆圈，还加上些新的东西，如更多的朋友、一座更大的房子等。

"如果你老是在自己的舒服区里头打转，你就永远无法扩大你的视野，永远无法学到新的东西。你只有跨出舒服区，才能把自己人生的圆圈变大，才能把自己塑造成一个更优秀的人。"

人的本性就是贪图安逸，如果从本能的角度来说，几乎没有人愿意吃苦。那么，为什么还会有那么多人不辞辛苦地去奋斗、去拼搏呢？原因很简单，他们有着强烈的欲望，希望自己能够生活得更好。人们常说，先苦后甜，苦尽甘来，意思就是说，天上不会掉馅饼，要想过上安逸的生活，首先要付出。因此，我们要想取得成功，首先要突破自身的瓶颈，从安乐窝中走出来，投身到大风大浪之中，这样一来，我们才能够经历更多的风雨，才能够迎来人生收获的季节。

## 心态悟语

（1）每个人的人生都有一个圆圈，圆圈的大小取决于人的野心和志向。

（2）不要因为惧怕风浪而躲藏在安逸的圈圈中，只有打破安逸的圈圈，你才能取得长足的发展。

（3）在安逸的环境待久了，人们难免会丧失斗志，所以时不时地让自己出来透透气吧！你会发现，外面的世界更加精彩！

（4）人生不应该被局限，而应该被无限放大。

## 想要活得轻松，首先学会放下

面对灾难，我们往往感到非常沉重，甚至难以自持。殊不知，这正是灾难带给我们的最大伤害——沉重的心理负担。其实，灾难和坎坷本身并没有那么可怕，可怕的是我们把它背负在心里，始终不知道放下。佛说，放下，但是芸芸众生舍不得放下，甚至不知道如何放下。很多时候，只要我们的内心感到轻松，我们整个人就会变得轻松起来，而我们的生活也会随之变得轻松起来。

一个年轻人总觉得自己很累，流言蜚语包围着他，他寸步难行，为此，他去请教智者。智者沉思片刻，对年轻人说："现在，我给你一个筐，你背上去爬山吧。在爬山的过程中，不顾看到什么，只要你觉得好，你就捡起来放到背篓中。"

年轻人辞别智者，背着背篓上了山。一路上，呼吸着山涧的清新空气，他走走停停，不时地看看野花、摘摘野果，甚至还在山涧旁捡了很多漂亮的鹅卵石放到了背篓中。渐渐地，他觉得背篓里的东西越来越沉，这使他走起来越发沉重。从山上下来，他几乎精疲力竭。智者微笑地看着他，问："你觉得累吗？"年轻人似乎连点头的力气都没有了，只是说："真的很累！"

见此情形，智者启迪年轻人："你背负的是你喜欢的东西，尚且觉得很累，如果你背负的是你根本不想要的东西呢？其实，有些东西只要扔掉就可以了。"

年轻人恍然大悟，说："我明白了，对于那些流言蜚语，只要让它烟消云散就好。只要我不背它们，它们就不会压住我。"

生活中，很多困境都是如此，它们原本是困不住我们的，只是我们心甘情愿地深陷其中。相比之下，很多负担也是我们无须背负的，而我们之所以感到沉重，是因为我们没有扔掉它们而已。所以，要想活得轻松，其实是一件很简单的事情。佛说，放下，平凡如你我，则说，丢掉！

## 心态悟语

（1）生活中，很多使我们感到沉重的东西就像垃圾一样，我们需要做的仅仅是丢掉它们而已。

（2）佛说，放下。我们说，丢掉。

（3）生活中，究竟有哪些东西是我们所无法舍弃的？仔细想想，其实没有多少。

（4）很多时候负担是我们自找的，只要我们不主动往自己身上背，它们就不存在。

# 正确认识自己，找到自己最擅长的领域

古人云，愚者千虑，必有一得；智者千虑，必有一失。其实，不管是智者还是愚者，他们既有自己的劣势，也有自己的优势。还有人说，三个臭皮匠，抵个诸葛亮。这句话也间接说明了再优秀的人也有百密一疏的时候，再愚钝的人也有思虑周全的时候。因此，无论你是智者也好，愚者也罢，你都应该正确客观地评价自己，认真审慎地做人做事。

麦蒂是一名心理学教授。一天，他来到疯人院参观，了解疯子的生活状态。一天下来，他觉得这些人疯疯癫癫，行事出人意料，可算大开眼界。准备返回时，他发现自己的车胎居然被人卸掉拿走了。"一定是哪个疯子干的！"教授这样愤愤地想着，动手拿备胎准备装上。事情严重了。卸车胎的人居然将螺丝也拿走了。没有螺丝，即使有备胎也装不上啊！教授一筹莫展。在他着急万分的时候，一个疯子蹦蹦跳跳地过来了，嘴里唱着不知名的欢乐歌曲。他发现了困境中的教授，停下来问发生了什么事。

教授懒得理他，但出于礼貌还是告诉了他。

疯子哈哈大笑说："我有办法！"他从每个轮胎上拧下一个螺丝，拿到三个螺丝将备胎装了上去。教授惊奇感激之余，大为好奇："请问你是怎么想到这个办法的？"疯子嘻嘻哈哈道："虽然我是疯子，可我不是呆子啊！"

教授费尽周折无法解决的问题，却被所谓的疯子轻而易举地解决了。由此可见，教授在某些方面的智商未必有疯子高，而疯子也不是时时处处都不如聪明的教授。做人本不该妄自尊大，更不应该妄自菲薄。要知道，尺有所短，寸有所长。在某个特定的领域中，你一定是最杰出的那个。

唐玉是一个命运坎坷的孩子，她很小的时候就得了小儿麻痹症，落下了终身的残疾。后来，她上学了，父母对她寄予很大的期望，希望她能够学有所成，长大之后可以从事一些不受她身体条件限制的工作。然而，唐玉在学习方面似乎没有什么天赋。初中毕业后，没有考上高中的唐玉沮丧地对妈妈说："妈妈，我什么都干不好。"不料，妈妈却坚定地说："学习不是你所擅长的。你可以去学一门手艺，如缝纫。"在妈妈的建议下，初中毕业的唐玉去了一家民办学校学习缝纫，然而她很久都没有学会裁剪，最终她的缝纫之路也终止了。面对这个打击，唐玉更加没有自信了，她哭着对妈妈说："妈妈，我是一个废物。"妈妈紧紧地抱着唐玉，坚定地说："你是我的女儿，不许你这么说自己。你之所以不顺利，是因为你还没有找到适合自己的领域。"在妈妈的鼓励下，唐玉开始学习炙手可热的电脑操作，并且学习了打字、复印、扫描等技术。后来，她开了一家打字复印社，还能进行简单的电脑维修。也许是找对了路，唐玉很喜欢自己现在的职业，她每天都很开心，事业的发展也很顺利。

在母亲节即将到来之际，唐玉真心地感谢妈妈："妈妈，是你支撑着我走到了今天。"

也许，你从事了很多行业都不太顺利，那只能说明你还没有找到真正适合自己的领域。在这种情况下，自暴自弃无济于事，你应该继续耐心地去寻找属于自己的天空。你一定要坚信，在这个世界上，总会有适合你的领域，你肯定会成为某个领域的佼佼者。

（1）你是不是觉得自己有很多缺点？不要担心，因为你的优点比你的缺点要多。

（2）当失败一次次袭来，你所要做的就是坚持，不放弃。

（3）相信自己一定是最杰出的，在某一个特定的领域。

（4）一旦找准了自己的位置，你将绽放出绚烂的光彩。


# 自尊，可以给人前进的力量

生活中，有些人为了求得生存，不得不去做一些不光彩的工作，甚至会遭人白眼。在这种情况下，我们可以放低自己，但是不能任由别人侮辱我们的人格。不管任何时候，尊严是一个人最基本的底线，如果一个人为了生活连尊严都不要了，那么他的存在也就失去了意义。换言之，不管别人怎么看我们，我们一定要尊重自己，这才是对人生负责任。因为，如果一个人不尊重自己，那么别人就会更加不尊重他。自尊，是赢得别人尊重的首要前提。

许多年前，一个挪威年轻人想要报考在音乐界享有盛名的巴黎音乐学院，于是他漂洋过海，来到了法国。尽管他尽了全力，将自己的水平发挥到最佳状态，但主考官还是没看中他。

在法国没待几天，年轻人就身无分文了，他只好在离音乐学院不远的街上拉琴赚点小钱。他的琴声美妙动听，吸引了很多人驻足聆听。几曲结束后，年轻人拿起琴盒，人们纷纷掏钱放入琴盒。这时，一个无赖把钱扔在了年轻人脚下，年轻人看了看他，弯下腰把地上的钱捡起来递给他说："先生，您的钱掉在地上了。"这无赖接过钱，重新扔到年轻人脚下，并傲慢地说："这钱是给你的，拿去吧。"年轻人看了看无赖，深深地对他鞠了个躬，有礼貌地说道："先生，谢谢您的慷慨。刚才您的钱掉在地上了，我帮您捡了起来；现在我的钱掉在地上了，请您帮我捡起来吧。"

无赖听到年轻人这么说，真是出乎意料，无奈之下，他只好把地上的钱捡起来放在了年轻人的琴盒里，然后灰溜溜地走了。

围观的人都看到了这一幕，其中有一位正是年轻人的主考官，他将年轻人带回音乐学院，并录取了他。

年轻人叫比尔·撒丁，几年后，他成了挪威小有名气的音乐家。

这个年轻人之所以被主考官录取，是因为他有令人尊重的人格和尊严。要知道，专业水平可以通过勤学苦练来提升，但人格和尊严则是与生俱来、无法改变的。如果一个人为了金钱连自己的自尊都可以放下，那么还有什么是他所不能放下的呢？如果一个人没有了人格和尊严，我们又凭什么去信任和尊重他呢？

一个乞丐在天桥底下行乞，行人有的冷漠地走过，有的居高临下地往乞丐前面的铁钵里扔一个硬币。这时，一个音乐家经过乞丐的面前，他是出来散步的，身上没有钱，但是他又很想帮助乞丐，因此他静静地站在那里看着乞丐，直到乞丐也抬起头来看他。

他很真诚地对着乞丐笑了笑，不好意思地说："抱歉，我很想帮你，但是我也身无分文。这样吧，咱们握个手，交个朋友，好吗？"面对音乐家的请求，乞丐呆住了，他傻傻地看着音乐家，最终伸出了脏兮兮的手。后来，乞丐告诉音乐家："这是我所乞到的最好的赠予。从明天开始，我不会再乞讨了，因为你使我觉得我和所有人一样都是平等的，我有能力依靠自己的双手养活自己。"

一次简单的握手，却改变了一个乞丐的一生，它的意义远远超过了那些面额或大或小的钱币。因为，这次握手传递给乞丐的是人格和尊严的力量，使他意识到他和那些施予者是完全平等的。我想，从今以后，不管是继续乞讨，或者做其他的，这个乞丐再也不会像以前一样乞求别人的施舍，因为他已经有了自尊，这就注定他必将赢得更多人的尊重。

## 心态悟语

（1）自尊，是做人最基本的道德底线，如果一个人沦落到失去自尊，那么他就不配为人了。

（2）要想得到别人的尊重，我们首先应该自尊，自尊是赢得别人尊重的前提。

（3）对于一个自尊自重的人，我想人人都愿意尊重他。

（4）想对自己的人生负责，首先要自尊。

# 打磨自己，
# 美玉也需雕琢才能成器物

珍珠原本只是一粒被尘埃埋没的沙砾，一个偶然的机会，它进入了蚌的身体，从此开始与蚌磨合。假如我们用蚌来比喻生活，那么我们就是那粒进入蚌身体的沙砾。我们痛苦地磨平自己的棱角，使自己变得越来越圆润，最终惊喜地发现自己变成了一颗珍珠。每一颗珍珠，都是痛苦的孕育，这是珍珠的命运。在生活中，我们要想成为美玉，就要学会打磨自己，使自己经过雕琢变成珍贵的人才。

# 给自己点压力，生命才能保持活力

人生在世，假如心中没有希望，便会觉得暗无天日。同样的道理，假如觉得生活没有丝毫压力，人们也会因此而颓废、沮丧，失去希望和向上的动力。所以，很多时候，我们应该给自己适当的压力，这样才能帮助我们保持活力。

在一次挖煤施工的过程中，瓦斯爆炸了，煤窑坍塌，出口被厚实的泥土堵得严严实实的，五位矿工深困其中。幸运的是，矿井里刚好有足够的食物和水源。这给被困矿工带来了极大生机。他们找到各自的位置，安静地坐下，等待救援。

时间在死寂的黑暗中震颤着。一天、两天……一个星期过去了，他们支着耳朵，却始终没有听到渴望已久的声音。有人开始烦躁，有人发出凄厉的尖叫。大家已无法承受恶劣环境带来的巨大精神压力，个个都快崩溃了。

突然，他们听到"啪"的一声。黑暗中有人吼叫起来，"谁，谁打我？"一个黑影朝四个伙伴咆哮着，四个伙伴都开始辩解。可黑影就是纠缠着他们不放，审犯人似地一个个详细审问，甚至问得有些不着边际。为了免受冤枉，四位工友还是认认真真地回答。直至个个哈欠连天，声称被打的黑影这才闭了嘴，没趣地倒在一旁呼呼大睡。过了许久，大家都睡醒了，又听到"啪"的一声脆响，这次挨打的是另一位工友，只见他捂着脸，怒不可遏地号叫起来，径直扑向第一个挨打的黑影。双方都不示弱，幸好其余三位工友眼疾手快，死死把双方抱住，两人才住手。为此，大家你一言我一语地理论起来。

类似的情况在每位矿工身上都发生过，其中一位脾气很好的矿工连续挨了三个耳光，最后他忍无可忍，勃然大怒。就在他们整天为耳光的事纠缠不清的时候，头顶一丝微弱的亮光提醒他们，有人来救他们了。至此，他们在井底足足被困了23个日夜。

被救后，躺在医院里，四位矿工一直不明白为什么有人无缘无故打自己耳光，只有一位矿工笑呵呵地向四位工友讲起了一则在日本流传很广的故事：古时候日本渔民出海捕鳗鱼，因为船小，回到岸边时鳗鱼几乎死光了。但有一个渔民，他每次捕回的鱼都活蹦乱跳，因此卖的价钱也特别高，这使大家都很迷惑。临死前，这位渔民才把秘密告诉自己的儿子。原来，他在盛鳗鱼的船舱里放进了一些鲶鱼。鲶鱼生性好斗，为了防止鲶鱼攻击，鳗鱼也被迫攻击对方。在战斗的状态中，鳗鱼忽略了被捕捉后面临的死亡威胁，所有的潜能都被激发出来，投入战争。这样，尽管它们伤痕累累，但绝大部分鳗鱼还是生存了下来。

听完这则故事，大家恍然大悟。

如果不是那位矿工想办法挑起工友之间的纷争，使他们在等待救援的漫长时间里始终保持清醒的意识，那这些被掩埋的矿工也许很难熬过漫长的23个日夜。就像那些鳗鱼，在面对鲶鱼的威胁时，它们已然忘记了被捕捉后面临的死亡威胁，只是一味地想着如何避开鲶鱼的袭击。正因为如此，它们才能延长自己的生命。其实人也是如此，不管在职场中还是在生活中，我们都应该面对一定的压力，只有这样，我们才能充满活力地生存、生活，我们才能更加富于激情，使自己具有坚韧的毅力面对生活中的一切困难和险境。

## 心态悟语

（1）不要使自己陷于安逸的环境之中，安逸使人颓废。

（2）面对生活的压力，不要抱怨，因为抱怨毫无用处，而应该鼓起勇气，直面困难，在解决困难的过程中提升自己。

（3）想办法把压力变成活力吧，这样你的生活才能越来越精彩。

（4）对待压力的态度不同，你的人生也将因此而不同。

## 帮助别人，也让自己更好地成长

生活中，并没有绝对的公平，公平只是相对的。很多时候，我们因为没有得到公正的待遇而愤愤不平，却没有想到，自己在付出的同时也得到了很多。如果为了惩罚别人而使自己陷入绝境之中，这何尝不是一种更大的付出呢？

在一座荒废的园子里，生长着两棵茁壮的苹果树，经过几年的分枝与抽叶，终于开花结果了。

这年秋天，第一棵苹果树一共结了10个苹果，但有9个被前来嬉戏的小孩子摘着吃掉了，只有最后一个因为被几片叶子遮盖了才有幸保留下来。

对此，这棵苹果树甚是愤愤不平："我辛辛苦苦结的果子，到头来才得了这么一个，到底图的什么嘛！"于是，它自断经脉，开始拒绝成长。

到了第二年秋天，这棵苹果树因为养分不足只结出了5个苹果，有4个依旧被前来嬉戏的小孩子摘着吃掉了，最后一个因为长在高高的枝头上才有幸保留下来。

"去年我结了10个得到1个，得到率是10%；今年我结了5个得到1个，得到率是20%。"这棵苹果树心理平衡多了，"嘿嘿，翻了一番，也值得了。"

与这棵苹果树相比，旁边的另外一棵苹果树却恰恰相反：它第一年也结了10个果子，被嬉戏的小孩子们摘掉9个之后，在第二年更加努力地吸收阳光和雨露，迅速地长得茂盛起来，最后竟然结出了100个果子，虽然被拿走了99个，自己只得了1个，但它乐在其中；到了第三年，它继续努力地吸收阳光和雨露，长得更加茂盛了，很快就结出了好几百个果子；到了第四年，它能结出几千个果子了……

也就在第五年，第一棵苹果树的枝叶开始枯朽凋落，很快就轰然倒地化为腐朽了。但第二棵苹果树依旧根深叶茂，它望着颓然倒地的伙伴儿，哽咽地说：

"嗨，得到多少果子并不是最重要的，重要的是，我们自己在不断地成长啊！"

为了避免自己辛辛苦苦结出来的果实被孩子们吃掉，第一棵苹果树开始拒绝成长，而第二棵苹果是则恰恰相反，它更加努力地生长，结出了更多的果实。一年过去了，第一棵苹果树被吃掉的概率降低了，当然，这并非因为孩子们不吃苹果了，而是因为它结出的果实变少了。而第二棵苹果树呢？虽然前几年它结出的苹果依然被孩子们摘去吃了，但是它的果实一年比一年多，最终结出了几千个果子……它枝繁叶茂，根深蒂固。第一棵苹果树则因为腐烂而轰然倒塌了。这两棵苹果树，谁得到得多？谁得到的少？谁失去得多？谁失去得少？

张明和方强是大学同学。大学毕业后，他们一起进入同一家企业工作。因为刚开始工作，他们俩都没有什么经验，所以被安排在后勤部门熟悉公司业务。所谓后勤部门，其实类似于打杂的部门。每天，他们都有一大堆的勤杂事务要处理。对此，张明牢骚满腹。而方强呢？则总是乐呵呵地做事情，每当闲下来，他还会主动去其他部门帮忙，帮那些工作量比较大的同事做一些力所能及的事情。为此，张明总是讽刺方强："别人把你当打杂的使唤还不够，你自己还硬往上贴啊！"对此，方强总是微微一笑。

半年多过去了，张明的业务知识丝毫没有长进，依然在处理那些勤杂事务。而方强呢？因为他总是利用闲暇时间去其他部门帮忙，所以他很快了解和熟悉了公司的业务，被调到市场拓展部门了。在那里，他工作起来非常顺利，因为熟悉公司的各个流程和环节，与各部门的同事也都相处得很好。

不一样的付出，不一样的收获。张明就像那第一棵苹果树，为了使别人吃不到果实，宁愿限制自己的成长。而方强呢？则像第二棵苹果树，在给别人带来便利的同时，也使自己得到了很好的成长。

## 心态悟语

（1）只有在不断的锻炼中，我们的能力才会得到提高，我们的经验才会得到积累。所以不要吝惜自己的力气，趁着年轻力壮，不如多干点儿活吧！

（2）你付出，不仅是为了别人，更是为了你自己！

（3）所谓赠人玫瑰，手有余香。你在付出的同时，自己也得到了很多。

（4）没有人喜欢与一个懒惰的、斤斤计较的同事打交道，所以让自己变得勤快起来吧！

# 忧患使人进步，而安乐让人平庸

在自然界中有一个非常奇怪的现象，那就是如果没有天敌的存在，一个物种就会渐渐退化。这就是自然界优胜劣汰的自然法则。因为有天敌存在，一个物种总是存在于危险的环境之中，为了生存，它们必须更加机警灵活。所以，很多时候，野生动物园为了使一个物种得以存在，或者为了使它们生存得更好，往往会在它们生存的区域投放一些天敌。

有个小孩子，见一只蝙蝠掉在地上，挣扎了好大一会儿也没有飞起来，便开始纳闷儿了：奇怪呀，蝙蝠是非常灵巧的动物，怎么落到地上之后就飞不起来了呢？

带着这个疑惑，儿子去求助父亲。父亲把他带到了一个山洞里面，只见山洞的洞顶和洞壁倒悬着无数只蝙蝠，但是没有一只栖落在地面上。

见儿子一副不解的样子，父亲就说：这是蝙蝠在给自己一片危崖。

蝙蝠为什么要给自己一片危崖呢？儿子还是不解，它这样做岂不是让自己每时每刻都处在危险中吗？

父亲笑着告诉他：蝙蝠一旦脱离了攀附的洞壁，就会直接摔在地上。为了避免坠落而亡，蝙蝠只有尽全力地扑打着翅膀，努力使自己向上、再向上，所以我们才看到了灵巧飞翔的蝙蝠……

可是，为什么蝙蝠掉到地上之后就再也飞不起来了呢？

父亲接着解释道：蝙蝠一旦掉在了地上，就再也没有悬挂在洞壁上那种"生的危险，死的威胁"的感受了。没有这种生死攸关的感受，蝙蝠也就不可能尽全力地去飞，以致它再也飞不起来了！

蝙蝠故意把自己悬挂在悬崖峭壁上，使自己置身于危险之中，时刻保持清醒，所以它们才能飞得更灵巧。而掉在地上的蝙蝠，则因为落在没有危险的地面上，反倒没法飞起来了。这种规律看似难以理解，其实很深刻。而且这种规律不仅适用于自然界的各种生物，同样适用于人类。众所周知，温室里长大的孩子是禁不起风雨的，反倒是那些家境坎坷的孩子更容易成材，也正是这个道理。

在职场上，真正成功的职场人士从来不会安于现状，每当实现一个目标之后，他们就会给自己制订一个更加高远的目标，使自己始终处于努力拼搏的过程中。其实这个更加高远的目标就是职场人士的危崖。

娜娜和莉莉在同一个部门工作。她们的部门很清闲，每天朝九晚五，只需要做一些基本的工作就可以了，从来不像销售部门那样充满了"血雨腥风"。娜娜对自己的工作很满意，她每天都悠然自得，看到销售部门的同事们整日绞尽脑汁地去拼搏、奋斗，娜娜庆幸地说："幸亏我不是销售部门的，他们虽然工资高点儿，但是脑细胞不知道死了多少呢！"让娜娜想不到的是，一个月之后，莉莉居然主动申请调到销售部门。娜娜劝说莉莉不要这么轻易地放弃如此清静悠闲的工作，莉莉却坚持去历练。

几年过去了，娜娜依然过着一样的生活，而莉莉取得的成就却令人大吃一惊。经过几年的奋斗拼搏，如今的莉莉已经是销售部门的经理了。因为她的业绩始终非常突出，所以总经理特别器重她，破格为她配了车，安排了高级公寓。据说，总经理有意培养莉莉成为自己的接班人呢。

如今看着高高在上的莉莉，娜娜再也不认为自己的工作是天底下最好的工作了！

一分耕耘，一分收获。可以想象，原本做清闲的后勤工作的莉莉刚转到销售部门的时候该是多么艰难，然而她还是义无反顾地为自己选择了这一具有挑战性的工作。事实证明，她的付出得到了回报。而娜娜呢，如果不出预料，她的一生都将平淡无奇，因为做惯了清闲的工作，她早已无法适应竞争激烈的社会了。

## 心态悟语

（1）温室中的花朵经不起风吹雨打，温室中长大的孩子不能担当重任。

（2）有竞争才有压力，有压力才有动力，要想出人头地，我们首先要为自己找一片危崖。

（3）生活不要过于安逸，因为安逸的生活容易使人意志消沉、丧失斗志。

（4）风雨不可怕，因为那是对我们最好的历练。

# 换个角度，让短板成为自己的优势

每个人都有缺点，就像每个水桶都有自己的短板一样。因为这些缺点，我们也许无法很好地承担一些工作；也因为这些缺点，我们的人生绽放出与众不同的光彩。所谓完美，就是优点与缺点并存，在这个世界上，没有绝对完美的人。只要我们正确看待自己的缺点，扬长避短，或者为自己的缺点找一个适合发挥的领域，那些缺点非但不会阻碍我们的发展，甚至还有可能转变为优点。正如一只有短板的水桶，它也许无法顺利地把一整桶水运送到主人家，但它能够为沿途的野花浇水，用美丽的鲜花装点主人的餐桌。

一位挑水的农夫，他有两个用了很久的水桶，分别吊在扁担的两头，其中一个桶子有裂缝，另一个则完好无缺。每次完好无缺的桶子总能将满满一桶水从溪边送到主人家中，但是有裂缝的桶子到达主人家时只剩下半桶水。

两年来，挑水农夫就这样每天挑一桶半的水到主人家。当然，好桶子对自己能够送满整桶水感到很自豪。破桶子呢？对于自己的缺陷则非常羞愧，它为只能负起责任的一半感到非常难过。

饱尝了两年失败的苦楚，破桶子终于忍不住，在小溪旁对挑水农夫说："我很惭愧，必须向你道歉。"挑水夫问道："你为什么觉得惭愧？""过去两年里，因为我你只能送半桶水到主人家，我的缺陷使你做了全部的工作却只收到一半的成果。"破桶子说。挑水夫替破桶子感到难过，他充满怜爱地说："我们回到主人家的路上，我要你留意路旁盛开的花朵。"

果真，他们走在山坡上，破桶子眼前一亮，看到缤纷的花朵，开满路的一旁，沐浴在温暖的阳光之下，这景象使它开心了很多！但是，走到小路的尽头时，它又难受了，因为一半的水又在路上漏掉了！破桶子再次向挑水农夫道歉。挑水农夫温和地说："你有没有注意到小路只有你漏水的那一边有花，好桶子的那一边却没有开花呢？我明白你有缺陷，因此我善加利用，在漏水的路旁撒了花种，每回我从溪边回来，你就替我浇了一路花！两年来，这些美丽的花朵装饰了主人的餐桌。如果你不是这个样子，主人的桌上也没有这么好看的花朵了！"

是把整桶水运送到主人家重要，还是用水浇灌路边的野花重要？对于那两只不同的水桶而言，也许这两个任务都是非常重要的，因为它们有着不同的使命。想一想在摆放着鲜花的餐桌上用餐的主人的心情吧，他的内心一定充满了愉悦。当然，如果没有那只好水桶为主人家运送更多的水，也许一餐美味就无法顺利做出来。所以，不管是那只好水桶，还是那只坏水桶，我们都应该尊重它们，因为它们都有自己的价值。当然，它们更应该尊重自己，意识到自己的价值。做人也是如此，也许我们在某些方面不够优秀，表现得不够好，但我们不能因此妄自菲薄，而应该看看自己在其他方面是否有突出的表现。只有正确客观地评价自己，我们才能做到自尊、自重。

## 心态悟语

（1）即使是一只破水桶，也有它的用途。

（2）即使一个有缺点的人，也有自己的用武之地。

（3）看看那些沿途灿烂的花朵吧，也许其中就有你的功劳。

（4）要想发挥自己的价值，首先应该找到适合自己的领域。

# 学会选择，才能更好地面对人生

生活中，我们难免面对取舍，作出抉择。这个时候，内心的煎熬是不言而喻的，因为我们既不想放弃此，也不想失去彼。其实，选择本身比我们做得如何更加重要，因为一个好的选择能够帮助我们做到很多仅凭自己力量无法做到的事情。会选择的人，能够更好地面对人生的百般境遇，从容地应付人生的各种难题。而不会选择的人，在面对选择的时候，往往手忙脚乱，无以应对。由此可见，学会选择是很重要的。

有一家公司出了这么一道面试测试题：

一天，你开着一辆车回家，那是一个暴风雨的晚上，雨下得很大，经过一个车站时，有三个人正在焦急地等公共汽车。其中一位是面临死亡的病人，他需要马上去医院。还有一位是个医生，他曾救过你的命，你做梦都想报答他。

剩下的还有一个女人/男人，她/他是你做梦都想嫁/娶的人，也许错过这次就不会再有第二次机会了。

但你的车只能再坐下一个人，你会如何选择？我不知道这是不是一个对你性格的测试，因为每一个人的回答都有他自己的原因。病人快要死了，你首先应该救他。你也想让那个医生上车，因为他救过你，这是个报答他的机会。还有就是你的梦中情人，错过了这个机会，你可能永远不会遇到一个让你这么心动的人了。

在前来应聘的100个应聘者中，只有一个人被雇佣了，他并没有解释他的理由，他只是说了以下的话："给医生车钥匙，让他带着病人去医院，而我则留下来陪我的梦中情人一起等公车！"在听到这个答案后，每一个前来应聘的人都认为他的回答是最好的，但几乎所有人一开始都没想到，而只有这个人，给出了最好的答案，并在这个工作岗位上成就了自己的事业。

在那100个应聘者中，被雇用的那个人无疑给出了最完美的答案。他既照顾到了需要就医的病人，又考虑到了情人的感受，而且报答了救过自己的医生。面对如此面面兼顾的选择，相信其他的应聘者肯定都佩服得五体投地。在生活中，假如我们也能够恰到好处地作出选择，那么我们一定能够更好地处理生活和工作中出现的种种问题，使自己的生活更加完满。正因如此，那家公司才毫不犹豫地录用了这个应聘者。可以想见，当那位应聘者以如此完美的选择面对工作中出现的两难境地时，他一定能够兼顾工作的各个方面，从而把公司的利益最大化。

## 心态悟语

（1）假如生活和工作有了冲突，你会怎么办？是先照顾生活，还是先全力以赴地工作？假如处理不好工作和生活的关系，你既生活不好，也无法好好工作，所以这个问题是所有人都需要面对和解决的。

（2）面对自己喜欢做的事情和自己应该做的事情，如何使其完美地结合起来？假如做到了这一点，你一定能够取得长足的发展，因为兴趣是一个人做好一件事情的最大动力。

（3）其实，不仅仅工作方面需要我们作出完美的选择，生活中在与亲人朋友相处的过程中，我们依然需要作出最好的选择。

（4）选择，伴随着人的一生，只有选择对了，我们的人生才能更加顺利和完满。

## 错误是积累经验的最好途径

小孩子犯了错误，有的会选择面对，有的会选择逃避，从某个角度来说，孩子面对错误的态度总会受到父母的影响。因此，为人父母者更应该正确地面对错误。犯错误并不是可耻的事情，因为生活中的每个人都犯过错误，从某个方面来说，犯错误是一件好事，众所周知，人们的宝贵经验都是渐渐积累起来的。在犯错误的时候，我们更容易反思，从而知道自己为什么犯错误，这样一来，我们就会有意识地避免再犯同样的错误，进而提升自己。这就是犯错误的宝贵价值。很多时候，错误带给我们的反思和经验，是我们在顺境之中无法得到的。

有一位著名的生物学教授拉塞特，看到生物学的著述错误百出，于是宣称他要出版一本内容绝无错误的生物学巨著。

经过一段时间，在众人的引颈期待中，拉塞特教授的生物学巨著终于出版了，书名叫作《夏威夷毒蛇图鉴》。许多钻研生物学的人，迫不及待地想一睹这本号称"内容绝无错误"的生物学巨著。

但每个拿到这本书的人，在翻开书页的时候，都不禁为之一怔，几乎每个人都不约而同地急忙翻遍全书。而看完整本书后，每个人的感觉也都相同，脸上的表情亦是同样的惊愕。

原来，整本的《夏威夷毒蛇图鉴》，除了封面上几个大字之外，内页全部是空白。也就是说，整本《夏威夷毒蛇图鉴》里全是白纸。

大批记者涌进拉塞特教授任职的研究所，七嘴八舌地争相访问教授，想弄清楚这究竟是怎么一回事。

面对记者的镁光灯，拉塞特教授轻松自若地回答："对生物学稍有研究的人都知道，夏威夷根本没有毒蛇，所以当然是空白的。"

拉塞特教授充满智慧的双眼，闪烁着奇特的光芒，继续说道："既然整本书是空白的，当然就不会有任何错误了，所以我说，这是一本有史以来唯一没有错误的生物学巨著。"

为了使自己不犯错误，拉塞特教授写出了一本无字书。这是因为他知道不犯任何错误的人是不存在的，因此可以说，要想不犯错误，就是不存在，就是空白。虽然我们不需要出版任何著作，但是即使在日常生活中，我们也会经常面对犯错误的窘境。遇到这种情况的时候，也许你会遭遇责备，遭遇别人的误解，但是你不要受其影响，而应该冷静地反思，从而吸取宝贵的经验，避免下次再犯同样的错误。只要你能够从错误中吸取经验和教训，你所犯的错误就是有价值的。

## 心态悟语

（1）在这个世界上，没有什么人、什么事情是绝对正确的。犯错误是正常的，我们要正确面对错误。

（2）错误的最大价值就在于为我们提供经验和教训，避免下次再犯同样的错误。所以，如果你用逃避的态度面对错误，你将失去一次自我反省、自我提升的宝贵机会。

（3）如果你想不犯任何错误，你的人生将和拉塞特教授的无字著作一样，没有任何内容。

（4）面对错误，我们应该勇敢一些，承认错误，并且从错误中积累宝贵的经验，这才是面对错误的正确态度。

## 不要让困难成为你的假想敌

只是一味地假想困难有多么巨大，无异于自己吓唬自己，你会知难而退。而要想使自己不再惧怕困难，直至战胜困难，最好立即展开行动。在实际的行动过程中，你会发现，困难其实并没有你想象得那么可怕，并且，随着你不断地深入，困难变得越来越小。由此，我们可以得出一个结论，困难在想象中变大，在行动中变小，要想战胜困难，最好的办法就是立即展开行动。

迈克今年刚刚大学毕业，在应聘时，他被当地的《时事报》看中，做了该报社的一名记者。在刚上班不久的这一天，他的上司交给他一个任务：采访大法官利达。

第一次接到重要任务，迈克不是欣喜若狂，而是愁眉苦脸。他想：自己任职的报纸又不是当地的一流大报，况且自己只是一名刚刚出道、名不见经传的小记者，大法官利达怎么会接受他的采访呢？同事卡卡得知他的苦恼后，拍拍他的肩膀，说："我很理解你。让我来打个比方，这就好比躲在阴暗的房子里，然后想象外面的阳光多么炽烈。最简单有效的办法就是往外跨出第一步。"

卡卡拿起迈克桌上的电话，查询利达的办公室电话。很快，他与大法官的秘书通上了话。接下来，卡卡直截了当地道出了他的要求："我是《时事报》新闻部记者迈克，我奉命访问法官，不知他今天能否接见我呢？"旁边的迈克吓了一跳。

卡卡一边打电话，一边向目瞪口呆的迈克扮个鬼脸。接着，迈克听到了他的答话："谢谢你。明天1点15分，我准时到。"

"瞧，直接向人说出你的想法，不就管用了吗？"卡卡向迈克扬扬话筒，"明天中午1点15分，你的约会定好了。"旁边的迈克面色转好，似有所悟。

多年以后，昔日羞怯的迈克已成了《时事报》的资深记者。回顾此事，他仍觉得刻骨铭心：从那时起，我学会了单刀直入的办法，做虽不易，但很有用。而且，第一次克服了心中的畏怯，下一次就容易多了。

也许，有了第一次单刀直入地展开行动的经验，迈克才开始了勇敢的行动。假如不是卡卡的实际行动给了迈克以信心和勇气，也许他还在畏难的边缘徘徊。其实，很多事情看起来很难，那只是因为我们还没有真正去做，一旦真正去做了，你就会发现，很多困难都是可以克服的，原本想象很难的事情也变得容易了。虽然人们常说凡事都要三思而后行，但假如思虑太多，也会牵绊我们行动的脚步。我们只要从大方向上把握自己的行动就可以了，因为我们永远不可能在想象中解决所有的困难，而只能在行动中解决所有的困难。

## 心态悟语

（1）在做一件事情之前，我们可以设想会遇到哪些困难，但是不要被这些困难吓倒。

（2）困难也许比我们想象中的多，也可能比我们想象中的少，这一切都要在真正展开行动后才知道。

（3）办法永远比困难多，只有抱定这个想法，我们才有勇气去做。

（4）不要被自己想象中的困难吓倒，因为，随着事情的不断变化，既会出现很多不可预见的困难，也可能出现很多意想不到的转机。最重要的是，你要有一颗坚强勇敢、坚定不移的心。


# 别让优势成了"忽视"

不管在生活中还是在工作中，每个人都有自己的特长和短处。然而事情的结果往往使人大跌眼镜，人们总是在自己熟悉的领域或者专长上跌大跟头；反而那些他们原以为自己肯定做不好的事情，他们做得很好，没有丝毫纰漏，这是为什么呢？这是因为人们在自己不熟悉的领域或者不擅长的方面总是非常小心谨慎，生怕出现纰漏，一旦转入他们所熟悉的领域或者是擅长的方面，他们就陡然生出骄傲的情绪，认为自己在这方面非常熟悉，即使闭上眼睛，也能够把事情做好。这就是人们更容易把熟悉的事情搞砸的原因。

从前，有三个旅行者住在一家旅店里。白天，他们各自出去办事，一个旅行者带了一把伞，另一个旅行者拿了一根拐杖，第三个旅行者什么也没有拿。

恰巧，行至半路时，瓢泼大雨倾泻而下，晚上归来，拿伞的旅行者被淋得浑身是水，拿拐杖的旅行者跌得满身是伤，而第三个旅行者却安然无恙。于是，第一个旅行者很纳闷，问第三个旅行者："你怎会没有事呢？"第三个旅行者没有回答，而是问拿伞的旅行者："你为什么会淋湿而没有摔伤呢？"拿伞的旅行者说："大雨来临的时候，我因为有了伞，就大胆地在雨中走，却不知怎么淋湿了；当走在泥泞坎坷的路上时，我因为没有拐杖，所以走得非常仔细，专挑平稳的地方走，所以没有摔伤。"

随后，第三个旅行者又问拿拐杖的旅行者："你为什么没有淋湿而摔伤了呢？"

拿拐杖的人说："大雨来临的时候，我因为没有带雨伞，便挑能躲雨的地方走，所以没有淋湿；当走在泥泞坎坷的路上时，我便用拐杖拄着走，却不知为什么常常跌跤。"

第三个旅行者听后笑笑说："这就是你们拿伞的淋湿了、拿拐杖的跌伤了，而我却安然无恙的原因。当大雨来时我躲着走，当路不好时我细心地走，所以我没有淋湿也没有跌伤。你们的失误就在于你们有凭借的优势，便少了忧患。"

故事听起来似乎匪夷所思，带伞的人淋湿了但没有跌伤，带拐杖的人没有淋湿却摔伤了，反倒那个没有带伞也没有拿拐杖的人安然无恙。而这一切，都是因为缺少忧患意识。其实不仅生活中适用这个道理，工作和学习中同样适用这个道理。

## 心态悟语

（1）越是熟悉的、擅长的领域，我们越容易因为粗心大意而犯下很多错误。

（2）即使自己在某一方面具有优势，也不要因此而沾沾自喜，否则就很容易因为骄傲而栽跟头。

（3）不管什么时候，都要具有忧患意识，这样才能时刻保持清醒和谨慎。

（4）要想不犯错误，千万不能粗心大意，更不能扬扬得意。

# 下篇

守护阳光心态，收获快乐人生

# 感恩亲情，
# 生命中的守望天使

在这个世界上，没有任何人是独立存在的。每个人的身边，都有亲人、朋友的陪伴。假如没有他们，我们的人生将会多么寂寞啊！亲情，不管什么时候，都在那里等待着我们的归来。当我们失魂落魄的时候，只有亲人，是永远不会离我们而去的。亲情，是每个人生命中的守望天使。

# 父爱，是生命最坚实的根基

也许你觉得自己是一朵娇艳的花，并且因此而嫌弃父亲粗糙的大手，但是你不知道，你这朵美丽娇艳的花，就是从父亲那双粗糙的大手中开出来的。正是因为有了他无怨无悔的付出，你这朵花才越来越娇艳。

莉莉是一个漂亮的小女孩，在莉莉3岁的时候，母亲离开了莉莉，是父亲把莉莉一手养大的。

莉莉很美，也很爱美，但家里穷，尽管父亲极力宠爱她，可她还是常常噘着嘴。有一天，父亲采了朵美丽的山花插在莉莉的头上，看着她笑，莉莉拔掉花扔在地上就跑了。父亲的眼泪莉莉没看见，父亲知道一朵花抵不了商店那件莉莉喜欢的华服。

父亲很憨厚，莉莉可以随意任性。上中学时，莉莉一星期只回一次家。父亲想莉莉了，去看了莉莉一次，莉莉大闹了一场，父亲从此不敢走进那所学校。父亲是农民，穿着难看，莉莉是校花。

莉莉考上了美术学院。三年里，莉莉只回了一次家。三年里，父亲在黄土里给莉莉刨出了几万元，都是让别人到邮局给莉莉寄去的，父亲是文盲。

莉莉越来越美。但毕业后，莉莉这朵美丽的花一直没结出果来，没画出像样的画，从公职转到了个体，谈了恋爱后结婚，又离了，七年过去，花也谢了。

父亲还是父亲。

莉莉回家看父亲。多年不上家乡的山了，莉莉想上山玩，父亲就带莉莉上山，父亲一路高兴得像个小孩子，但莉莉一直闷闷不乐。父亲还像莉莉小时候一样给莉莉讲故事、说笑话，极力逗莉莉笑。莉莉笑不起来。

"父亲！我还美吗？"

"当然美！我女儿是最美的！"

"可是……"

父亲采了最美的山花，往莉莉头上插。

这时，莉莉突然抓住了父亲的手，让父亲别动。父亲一动也不动。

莉莉仔细看父亲的手：巨大如莆，坚硬如铁，骨节肿大如锤，手心积茧万重，手背暴筋血裂！这双手捧着一朵美丽的山花，红白相间鲜嫩得让人心疼的鲜花！莉莉泪如雨下！父亲慌了："女儿你……""父亲！你等着！"父亲就一直等着，捧着那朵花。莉莉跑回家，拿了画笔画架跑回原地，画了起来。父亲明白了，憨笑了。莉莉在画父亲的手和那朵花。不久，莉莉的这张画获了大奖。一直画不出好画的莉莉，一连举办了几次画展，非常成功，一下子出名了。莉莉不停地画，就画手和花，各种各样的手，各种各样的花，莉莉的又一幅获奖画，题为《富贵与贫穷》——父亲的手捧着一朵牡丹。

莉莉成了小有名气的画家，她把父亲接进了城，常搀扶着父亲一起走进各种大场面，一脸的自豪。莉莉每天都在画，就让父亲坐在自己的身边，不时去看看父亲的手。

莉莉一直画不出好画，因为她始终漂浮着，没有踏踏实实地静下心来去感悟生命。她甚至不知道，自己的美丽正是源于父亲无私的付出，源于父亲那双粗糙的大手。直到她了解了这一切，她才真正地了解了生命的源头。

## 心态悟语

（1）每一个女儿都是一朵娇艳的花朵，每一朵花背后，都隐藏着父亲的大手。

（2）父爱无言，如果你不去感受，你就不知道父亲已经在你的身后站成了一座山。

（3）你觉得父亲的手很粗糙，却不知道父亲的手正是为了培育你这朵娇艳的鲜花才变得粗糙的。

（4）生命的清泉流淌自心底，才能感动人心。莉莉找到了生命的源泉，所以成了画家。

# 母亲，是永远都不会抛弃你的人

曾经，每一个母亲都觉得自己的孩子是这个世界上最完美的人；曾经，每一位母亲都对自己的孩子充满信心，觉得他一定是这个世界上最有出息的人。的确，在母亲眼中，自己的孩子是天底下最漂亮、最聪明、最可爱的。因此，她们欣喜地看着孩子不断成长，直到他们离开自己的怀抱、踏进社会。一个聪明的母亲，从来不会因为失望而去挖苦孩子、打击孩子，因为她知道，对于孩子而言，给他希望远远比否定他、使他绝望更奏效。

这一天，一所小学召开家长座谈会。会上，老师对一位母亲说："你的儿子可能有多动症，这么多孩子，只有他最好动，每次在板凳上坐不到三分钟就会左晃右晃，甚至离开座位。"

回到家中，儿子问她老师说了什么，她慈爱地摸着儿子的头说："老师说你是个听话的好孩子，说你原来在板凳上坐不上一分钟，现在都能坐稳三分钟了！"儿子蹦着大叫："我是个好孩子，我要更加努力，让老师继续表扬我！"那天，儿子破天荒地吃了两碗米饭，并且没有把饭菜弄得到处都是。

在小学家长会上，又一位老师对这位母亲说："这次数学考试，全班48名同学，只有你的儿子没及格，而且他其他科的成绩也很差，我们所有任课老师研究过了，你的儿子智力上可能有点障碍，你最好带他到医院检查一下，看看有没有特殊的办法能够治疗。"

走出校门，她发现儿子低着头向她走来，她兴奋地告诉儿子说："儿子你真棒！老师刚才表扬你了，他说，虽然你现在的成绩不是最好的，可你是个勤奋好学的好孩子，只要你继续努力，你一定能超过你的同桌！做你的妈妈，我感到很自豪。"说完这些话，她发现儿子原本黯淡的眼神一下子明亮了许多。从那天起，儿子上学早了，晚上还会多看一会儿书。

在初中家长会上，老师对她说："你儿子现在的成绩不太乐观，如果这样下去，考高中就危险了。"家长会结束后，她告诉儿子："你们的班主任对你很有信心，他说，你只要继续努力，肯定能考上高中。"

高考结束了，儿子把一封来自名牌大学的录取通知书放在她的手上，她再也忍不住那藏在心中十几年的泪水，任它们滴落在那沉甸甸的通知书上。

每次开家长会，事例中的母亲都在心里流着泪，她曾经引以为傲的孩子，居然有这么多令人难以忍受的缺点，这使她心痛。然而她依然伪装坚强，微笑着面对孩子，告诉他，你很棒！这就是母亲，是我们最伟大的母亲。如果没有母亲不断地鼓励和支持，儿子也许很难战胜自己的一个个缺点、最终获得人生阶段性的成功。我相信，不管是以前还是现在，以至将来，母亲的鼓励、理解和信任对于孩子来说都是奔向成功的最大动力。

## 心态悟语

　　（1）在这个世界上，对于孩子而言，母亲无疑是那个最欣赏他的人。所以母亲的看法对孩子至关重要，很多时候，是母亲给了孩子信心。

　　（2）在这个世界上，对于母亲而言，孩子无疑是她今生今世创造出来的最完美的作品，所以无论如何，我们都不能辜负母亲的期望。

　　（3）当整个世界都抛弃我们的时候，也一定还有一个人坚定地站在我们的身边，那个人就是母亲。

　　（4）身为母亲的人，应该牢牢记住，任何时候，给予孩子希望要比给予孩子打击更有效。


## 孩子是妈妈心里最重要的人

　　孩子，永远住在母亲的心里。不管孩子在哪里、走多远，母亲始终都在等着孩子回家。不管多久没有相聚，母亲只需要轻轻地一握，就能感受到孩子的到来。浪迹天涯的游子啊，不管离家多远，都请记得回去看看你们的母亲，安慰她们被等待煎熬的心。

　　有一天，一家大型化工厂突然发生了液氨气体泄漏。一时间，公安、消防等部门紧急调派人手进行排险，并挨家挨户通知化工厂附近的住户赶快撤离，以保安全。

　　住户很快疏散完了，大家正要松口气的时候，有人发现，离化工厂最近的一幢家属楼上还有人。几名干警上去一看，是位老太太。她眼睛不太好使，有白内障，看不清东西。等干警耐心地向她解释要撤走的原因后，她一个劲儿地摇头，说什么也不同意离开。

几名干警说得口干舌燥，倔强的老太太最后说："我不能走，我要等我的儿子回来！"原来是这样。几名干警想了想，悄悄从外面叫来一个人，让他装成老太太的儿子，亲热地上去喊"妈"，要老太太赶快离开。老太太虽然眼睛看不清，但听得很仔细，她坚决地摇头，说这人根本不是她的儿子。

泄漏的气体即将造成重大危害，房间内越来越危险，可老太太执意要等她的儿子。这可怎么办呢？几名干警一商量，决定分头找老太太的儿子。通过询问社区工作人员，干警终于查出了老太太儿子的下落，于是赶忙开车去接老太太的儿子。

半个小时后，老太太的儿子被接来了。他什么也没说，只是上前握了一下手，老太太便立刻感觉出来了。老太太没再说什么，顺从地让儿子把她背下了楼。

在儿子背上，老太太轻轻地说："好孩子，妈妈一定会等你回来的！"

一听这话，儿子腿一哆嗦，差点摔倒。这个家，他已经七年没回来过了，因为他参与贩毒被判了刑。妈妈的这句话，为心如死灰的他又一次注入了一股力量。因为他知道，无论如何，妈妈都会等他回来。

即使面对生命的威胁，母亲依然要等待儿子的归来。漫长的七年过去了，只需要握一握儿子的手，母亲就知道是自己的儿子回来了。七年了，即使儿子浪迹天涯，也依然住在母亲的怀抱里，住在母亲的心里。

## 心态悟语

不管你离开了多久、走了多远，那个始终留在原地等你的人就是你的母亲，她是这个世界上唯一对你不离不弃的人。请珍爱你的母亲吧！

（1）孩子就像母亲手中的风筝，不管飞得多高多远，永远牵着母亲的心。

（2）当你远行，谁留在家中执着地等待你归来？

（3）爱自己的母亲吧，因为你是她用自己的生命铸就的。

（4）不管什么时候，都不要忘记自己的母亲。

# 母爱，是人世间最伟大的赞歌

母亲对于儿女的爱，从来不是出于什么目的或者为了得到怎样的回报，而是一种本能。为了儿女，她们甚至愿意付出自己的生命。这就是母亲，我们最伟大的母亲。

这是一个美国旅行者在非洲撒哈拉沙漠目睹的真实故事。

在烈日炎炎的大沙漠里，一只母骆驼带着几只小骆驼找水喝，它们看起来似乎很多天没喝水了，眼睛血红血红的，走路的时候像拖着几十斤的铅球。

骆驼妈妈既要不时地低头闻干燥的沙子以嗅到水源，又要为孩子们遮住烈日。它根据太阳的不同方向驱赶孩子们走在它的阴影里。

终于，它们来到了一个半月形的泉水旁边，看见清澈诱人的泉水，小骆驼们高兴得又蹦又跳，迫不及待地跑到泉水边。

可是泉水太浅了，岸上的几只小骆驼无论怎么努力，也无法把嘴凑到泉水边上。骆驼妈妈看在眼里急在心里，它围着孩子们转了几圈，突然，它纵身跃入泉中，挣扎着……几十分钟后，骆驼妈妈慢慢地漂浮起来，再也不能够动弹。

泉水终于涨高了，小骆驼们刚好能喝着。

为了使小骆驼们得到救命的水，骆驼母亲毫不犹豫地跳入了泉水之中，用自己的身体使泉水涨到孩子能够喝到的高度。这就是母亲，为了孩子能喝到一口水，她宁愿以生命作为代价。其实，不仅动物是这样的，人类的母爱也是如此。生活中，很多母亲为了孩子宁愿放弃自己的生命，为了挽救孩子的生命，她们甚至愿意献出自己的身体器官，即使做一个残缺的母亲，也要继续深爱着孩子。

得知儿子需要肝脏的时候，为了挽救儿子的生命，55岁的母亲陈玉蓉毫不犹豫地决定割肝救子。但是，经过检查，陈玉蓉患有重度脂肪肝。这个结果把陈玉蓉"砰"地一声关在了割肝救子的门外。然而，母亲就是母亲，只要有一线希望，母亲就绝对不会放弃儿子的生命。为了治好自己的脂肪肝，给儿子健康的肝脏，陈玉蓉春去秋来，风雨无阻，每天都暴走10千米，整整坚持了200多天。也许是母爱感动了上帝，陈玉蓉的重度脂肪肝居然痊愈了。当年11月3

日，在同济医院外科2号楼，"暴走妈妈"陈玉蓉走上割肝救子的手术台。由此，她的儿子得到了新生。

孩子是母亲身体的一部分，母亲最懂得孩子的心。母亲之所以伟大，正是因为母亲对孩子无私忘我的爱与付出。我们不妨扪心自问：假如母亲身患绝症，我们会割肝挽救母亲吗？即使能，在得知患有重度脂肪肝的情况下，我们能够连续200多天每天都坚持暴走10千米吗？懂一些医疗常识的人都知道，脂肪肝是一种慢性疾病，很难在短期内痊愈，而只有母爱的力量，能够使母亲在短期内不服用任何药物的情况下治好自己的脂肪肝，这一切只因为她的儿子在等待她健康的肝脏救命啊！也许有人会轻松地说："我会！我能！"但是，我们真的能做到吗？母亲就是母亲，诸如割肝救子、割皮救子、割肾救子之类的新闻时不时地就会出现在大众媒介上，在感动、流泪之余，我们应该反思些什么？

## 心态悟语

（1）有几个人能像骆驼妈妈一样用自己的生命去为别人换一口救命的水？这个世界上，也许只有母亲对孩子才会这样不计代价地付出。

（2）为了孩子，母亲可以忍受无尽的痛苦和无休无止的煎熬，却丝毫没有怨言。

（3）孩子是母亲的心头肉，虽然这只是用来形容母爱的一种方式，但是准确地形容出了母亲对于孩子的那颗心。

（4）母爱是人世间那首最伟大的赞歌。


## 母爱是生命延续的能量

母爱不同于父爱，父爱是沉默的、无言的，如山一般重重地压在我们的心上，而母爱呢？母爱是琐碎的、细腻的，融化在点点滴滴之中。大到成家立业，小到吃鱼挑刺，母亲总是丝丝缕缕地包围着我们，使我们深受母爱的滋养而毫不自觉。

作家陈运松在他的《妈妈喜欢吃鱼头》中记叙了这样一种"传承"：

在我依稀记事的时候，家中很穷，一个月难得吃上一次鱼肉。每次吃鱼，妈妈都先把鱼头夹到自己碗里，将鱼肚子上的肉，极仔细地捡去很少的几根大刺，放在我碗里，其余的便是父亲的了。当我也吵着要吃鱼头时，她总是说："妈妈喜欢吃鱼头。"

我想，鱼头一定很好吃。有一次，父亲不在家，我趁妈妈盛饭之际，夹了一个，吃来吃去，觉得没鱼肚子上的肉好吃。

那年外婆从江北到我家，妈妈买了家乡很金贵的鲑鱼。吃饭时，妈妈把本属于我的那块鱼肚子上的肉，夹进了外婆的碗里。外婆说："你忘啦？妈妈最喜欢吃鱼头。"

外婆眯缝着眼，慢慢地挑去那几根大刺，放进我的碗里，并说："伢啦，你吃。"

接着，外婆就夹起鱼头，用没牙的嘴，津津有味地嗍着，不时吐出一根根小刺。我一边吃没刺的鱼肉，一边想："怎么妈妈的妈妈也喜欢吃鱼头？"

29岁，我成了家。生活好了，我和爱人经常买些鱼肉之类的好菜。每次吃鱼，最后剩下的总是几个"无人问津"的鱼头。

而立之年，喜得千金。转眼女儿也会自己吃饭了。有一次午餐，妻子夹了一块鱼肚子上的肉，极麻利地挑去大刺，放在女儿的碗里，自己却夹起了鱼头。女儿见状也吵着要吃鱼头，妻说："乖孩子，妈妈喜欢吃鱼头。"谁知女儿非要吃不可。妻无奈，好不容易从鱼鳃边挑出点儿没刺的肉来，可女儿吃了马上吐出来，连说不好吃，从此再也不吃鱼头了。打那以后，每逢吃鱼，妻便将鱼肚子上的肉夹给女儿，女儿总是很困难地用汤匙切下鱼头，放进妈妈的碗里，很孝顺地说："妈妈，您吃鱼头。"

打那以后，我悟出了一个道理：女人做了母亲，便喜欢吃鱼头了。

鱼头上的刺多肉少，母亲为什么爱吃鱼头呢？如果你始终处于母亲细密绵延的爱之中，你就无法找到问题的答案。但是，如果你像"我"一样亲自经历了妻子由不爱吃鱼头到爱吃鱼头的转变，你就会知道为什么女人一旦当了母亲就喜欢吃鱼头了。

在这个世界上，最伟大的是母爱，最无私的也是母爱。母亲对于子女的爱，并非出于任何理智的考虑，而是出于一种当母亲的本能。所以，爱人的不知道自己付出之多，享受这份爱的人也觉得理所当然。直到自己也做了母亲，你才会知道你的母亲给了你多少爱。

## 心态悟语

（1）在母亲的有生之年，请善待她，因为她为你付出了自己一生的心血。

（2）如果你不理解母亲，请你在有了自己的孩子之后再尝试着去理解。

（3）母亲是这个世界上最伟大的人，回家看一看，你的母亲是不是也爱吃鱼头。

（4）母亲是为我们的家庭付出最多的人，她既要照顾丈夫，又要赡养老人，还要抚育年幼的子女。是母亲撑起了作为社会基本单元的家。

## 父母的陪伴才是给孩子最好的爱

如今，随着社会的发展，越来越多的妈妈走入了职场，开始了职业生涯；由此改变了以前的家庭模式，即由爸爸在外面工作挣钱，由妈妈负责照顾家庭和孩子。因为走入了职场，母亲陪伴孩子的时间相应地减少了很多。尤其是那些职业女性，她们把大量的时间都用于工作，很少有时间照顾家庭，更没有闲暇与孩子接触。因此，很多孩子十分渴望能够与母亲更多地相处。母亲与子女之间虽然存在着血缘关系，但也是需要相处的。相处，是人与人之间最基本的交流方式，只有多多相处，彼此之间才能建立起真情。

一位在事业上很成功的母亲每天下班回家都很晚，她已经好久没有和孩子一起吃晚饭了。这天，工作上的事让她很累很烦，她只想赶快休息。到家后，5岁的女儿正眼巴巴地等着她。

"妈妈，我可以问你一个问题吗？"

"妈妈很累，需要早点休息，不能跟你玩了。"她心想，小孩子真是不懂事，大人都这么累了还不理解。当她抬头与女儿期盼的目光相对时，她还是心软了，于是说："要问妈妈什么问题呢？"

"妈妈，你一个小时赚多少钱？"

"怎么问这么奇怪的问题呢？是不是和别的小孩子打赌了？"她不喜欢孩子在金钱上互相攀比。

"没有，妈妈，我只是想知道而已，告诉我吧。"女儿拉着她的手哀求道。

"好吧，如果你一定要知道，妈妈告诉你——20美元，不过你不能……"

还没等她说完，女儿就掰着手指头算了起来，然后说："妈妈，你能借给我10美元吗？"

这时她再也忍不住了，有点发火："如果你要拿钱去买那些没用的糖果和小玩意，那我告诉你，现在就回到自己的房间去，好好想一下，妈妈每天这么忙是为了什么，你为什么这么不懂事！"

女儿好像被妈妈生气的样子吓着了，一边哭一边回到自己的房间。

她一个人坐在沙发上，慢慢平静下来。她反思之后，觉得自己不应该对孩子发那么大的脾气，毕竟孩子平时并不总跟自己要钱，或许她真的有什么事情。她走进女儿的房间说道："妈妈刚才做得不对，这是你要的10美元。"女儿开心地说："谢谢妈妈！"然后从小抽屉里拿出一叠钞票，慢慢地数着。"我现在有了20美元，妈妈，我可以向你买一个小时的时间吗？明天请你早一个小时回家，我想和你一起吃晚饭。"

故事中的女儿向妈妈借10美元，目的就是向妈妈购买一个小时的时间，以便能够与妈妈共进晚餐。我们不能说文中的妈妈不爱孩子，也许她和其他很多妈妈一样愿意在危急时刻为孩子付出自己的生命，但是在平常的日子里，因为忙碌，她忘记了陪伴孩子，甚至在不知不觉中忽略了孩子。孩子的心灵需要母爱的滋润，需要母亲在平常的生活中用阳光去温暖，因此，母亲除了为孩子付出金钱和精力以外，还应该学会为孩子付出时间，陪伴孩子一起成长。

## 心态悟语

孩子的成长是不可逆的，他们的童年只有一次，如果等孩子长大才后悔没有好好地陪伴孩子，显然太迟了。所以，不管工作多么忙碌，不管内心多么焦虑，我们都应该静下心来陪伴孩子，与孩子更多地相处。

（1）养育孩子是一个复杂烦琐的过程，其中最重要的一点就是陪伴孩子成长。

（2）孩子不仅需要物质方面的养料，也需要精神方面的养料，作为母亲，我们应该全方位地抚育孩子，滋养他们的心灵。

（3）你有多长时间没有陪伴孩子一起玩耍了？工作是永远做不完的，放下手里的工作，早点儿回家与孩子团聚吧！

（4）养育孩子的乐趣，不仅在于抚养他们长大成人，也在于陪伴他们一起成长的过程中留下的欢声笑语。

# 最细腻而深沉的爱，只有家人能给你

为了自己所爱的人，我们总愿意付出一切，这是大多数人都能够做到的。然而，为了自己所爱的人改变几十年的生活习惯，且仅仅觉得自己的改变是理所当然的、是正常的，这就并非人人都能做到了。如此细腻温婉的爱，除了你的家人能够给你，还有谁能够给你呢？

有一位新认识的朋友，他很阳光，喜欢各种娱乐和运动，尤其喜欢打篮球。他打球的方式很奇特，总是用左手运球，而且能用单手在人群阻挡中准确地投篮。其实，他这样做并不是为了卖弄球技，而是因为他只有一只手。这只神奇的左手能打一手好球，写一手好字，甚至能在钢琴上演奏出动听的乐曲。

更让我敬佩的是他对生活乐观的态度和健康的心态。他的言语总是那样亲切。他工作努力，与同事朋友的关系融洽，与客户的交流诚恳愉悦。常常得到老总的表扬嘉奖。我见过许多因为身体残疾心理也一同"残疾"的人，所以一直不理解他。直到有一天，见到了他的家人，我才醒悟过来。

那天，我和一个朋友去他家，他的父亲非常热情，要留我们吃饭。

他们一家人都很热情，谈起他的时候，言语之中总透露着无尽的爱意与自豪。大约聊了半个钟头，晚餐准备好了，大家围坐在桌前，品尝起他母亲做的美味佳肴，我也成了左撇子……

那一刻，感动如潮水般涌上心头，我从来没有想象过，这个世界上原来还有如此真挚而细腻的爱。一家人为了给自己残疾的亲人一个平和而正常的环境，一齐改掉了自己坚持几十年的生活习惯。自从他年幼时第一次用左手笨拙地拿起筷子、夹起一片菜叶时起，他的家人同样笨拙地用左手反复练习那个动作，直至成为习惯。而这样的习惯与爱伴随着他，与他一起成长。为了让他健康乐观地生活，他们把所有的爱全部写在了左手上。

爱，就是为了你爱的人用左手；爱，就是为了你爱的人吃用清水涮过的菜；爱，就是为了你爱的人吃在辣酱里打过滚儿的菜。爱是如此平实，它没有那么轰轰烈烈，那么使世人震惊，而是一点一滴地流进我们的心里。这就是爱。

## 心态悟语

（1）什么是爱？轰轰烈烈的爱就像是一出戏的高潮，虽然很震撼人心，却面临着落幕。平实的爱虽然太过平凡，却细水长流，滋润着我们的心田。

（2）爱，融入在生活的一点一滴之中，使人从不厌倦。

（3）爱，就是为了你所爱的人改变自己，而不是企图去改变他。

（4）爱，就是心甘情愿地牺牲。


## 母亲与孩子，就像花朵与果实

当一棵树上挂满累累的硕果，谁还会想起曾经凋零的花朵呢？与其说是花朵孕育了果实，不如说是果实展现了花的价值。对于花而言，心中的滋味自是复杂的，在喜悦欣慰之余，也有着淡淡的落寞。它在泥土里仰望着丰硕的果实，默默地为果实祝福着。

又是一年的深秋——一个承载希望与丰收的季节，但在这个时节，哀怨和凄凉的味道也日渐浓重，是因为枯黄的落叶开始离开老树的母体纷纷飘走吗？完美的深秋拥有收获的意蕴，惹人忌妒；同样拥有成熟后的枯萎，让人感觉子然。飘飘的枯败落叶被人毫无怜惜地踩在脚下，人们总是忘记，落叶曾经所给予果实的滋润。

"这样的秋天带着些许凉意，却总能给予人们清醒的通体舒畅。"她，一个人走在空旷的大马路上，想为自己找一些悲凉的理由，却发现，一切似乎是那么自然而合理。一切以它再自然不过的方式演变，对，一切都在变。

儿子出生时，她，一个年轻漂亮的少妇，第一次有了母性特有的温柔，总想着用自己柔弱的肩膀给予儿子保护，让他远离喧嚣、远离烦扰，无忧长大。

儿子5岁那年，她，依旧是个漂亮的母亲，每见到别人家的孩子，总要多看几眼，比比、看看，还是自己的儿子最棒，每每这时，她的脸上总有幸福的微笑呈现。

儿子10岁那年，她，一个慈爱的母亲，她包容了孩子合理的要求，满足了他几乎所有的愿望：玩具、衣服、鞋子。那时，她觉得，母亲嘛，就要有母亲的样子，他是她唯一的儿子，她要给予他这个世界上最好的一切。

儿子15岁那年，她，还是一个慈爱的母亲，少了年轻时的"轻狂"和"潇洒"，渐渐疏远了曾经给予她美丽的衣物饰品，多了些柴米油盐的踌躇，"儿子未来的路还很长，上了小学，上初中，上了高中，上大学……"她想着儿子。

儿子20岁那年，她，一个慈爱的妇人，欣喜地看着儿子踏上开往大学的列车，欣喜满怀，却不曾察觉，鱼尾纹悄悄爬上眼角，曾经引以为傲的秀发，加入了一种叫风霜的东西。她的心中没有悔恨，只觉得幸福。因为她优秀的儿子。

儿子25岁那年，她，还是个慈爱的妇人，参加了儿子的毕业典礼。想起了年轻时的自己，想起了自己大学毕业的那一年，现在回想来，恍如隔世。看看自己粗糙的手，摸摸自己干枯的头发，她觉得……是酸楚吗？不是的，是一种更复杂的味道。生命就像个循环，她不禁发出这样的感叹。

儿子30岁那年，有了自己的家庭。她，一个慈蔼的中年妇人，走在空旷的大街上，寻找着年轻时的梦，想着一些似梦似幻的场景，想着……突然间就觉得悲凉，找不出任何理由。

风雨后，花儿的芬芳过去了，花儿的颜色过去了，果儿沉默地在枝上悬着，花的价值，要因果而定了！

每一个女人，曾经都是一朵娇艳的鲜花。她们高傲地绽放在枝头，从未俯身去看泥土的颜色。然而在有了果实之后，她们开始慢慢地凋零，也许还没有陪伴果实到真正成熟，她们就因为风吹雨打落进了泥土。为了自己孕育的果实能够健康成长，她们心甘情愿地把自己融入泥土，全然忘记了自己绽放时的娇美。终于有一天，看着自己孕育的果实成熟了，骄傲地挂在枝头，她们才怅然若失地想起自己往日的风光。这就是母亲的一生，恰如花朵的一生，为了自己的孩子，她们情愿把自己低到尘埃里。

## 心态悟语

（1）没有什么能够使骄傲绽放着的花朵低下头来，除了她所孕育的果实。

（2）没有人能够使年轻漂亮的女孩子放弃美丽，然而，当她们成了母亲，这一切都改变了。她们的所有行动都围绕着孩子展开，即使自己因此变丑，也毫无怨言。

（3）孩子，当你骄傲地挺立于人世间的时候，千万不要忘记你的母亲正在渐渐地衰老，她默默地看着你、祝福你，她不愿意打扰你。

（4）对于母亲最大的回报，就是抽出时间多多陪伴母亲，就像你年幼的时候母亲也曾经耐心地陪伴你一样。

## 珍视友情，它让我们的
## 人生旅途不再孤单

如果一餐饭中没有盐，那么这餐饭该多么索然无味；如果人生之中没有友情，那么人生将多么寂寞乏味。对于任何人而言，朋友都是人生旅途中不可缺少的伴侣。正是友情，使我们的生活变得有滋有味，多姿多彩。

## 友情，需要常联系

在这个世界上，不管是怎样的感情，都需要用心地经营，如亲情、友情。其实，感情就像是一棵娇嫩的树苗，只有你用心经营，它才会长成参天大树。假如你忽视这棵树的成长，这棵小树苗就很难长大，甚至还会枯萎。然而，现代社会的节奏太快，每个人都忙于自己的工作和生活，渐渐淡忘了那些曾经一起欢笑一起痛哭的朋友。让我们时时记得给友谊之树浇水、施肥，让它茁壮地成长。

曾经听朋友讲过这样一段故事：

傍晚时分，我到楼下的小卖部买东西，店主老王见我来了，说我来得正好。他简单交代，站在边上的女孩是哑巴，想叫我帮着打公用电话，而他要照料生意。我这才发现柜台边上站着一个清秀的女孩，眼里满是期待。

我接过笔写道，好吧，你写我说。她感激地对我笑笑，开始写上她要说的话。我则开始拨号，接电话的是个男人，我愣了一下，女孩找的明明是个女孩。对方解释说，他也是帮着接电话的，他那边的也是个哑女孩。于是，我们这两个不相干的人充当了传话筒，在两边喊来喊去。她说，她想念一起去吃米粉的时候；她说，她帮她织了一条围巾，要寄过去；她说，要很长时间才能回去，请帮她多看看父母；她说，收到了寄来的相片，胖了点呢……电话通了近十分钟，太慢，因为一边说一边写费时不少。在等她写话的时候，我看她认真的模样，忽然间，为我们四人的默契一阵感动，我从来没有遇到过这样的事。打完电话，女孩露出了笑容，写给我看，那头是她最好的朋友，约好这个时间打电话，这样坚持了好多年。最后她写给我的两个字是"谢谢"，还画上了一个小小的心，她撕下小纸片放到我手里，然后付了钱，很快消失在了黄昏的街道上。

虽然彼此都是哑巴，都无法用语言进行沟通，但是两个女孩牢牢地记着在约定的时间给对方打电话，而打电话时又以这样一种奇特的方式进行交流——这就是友谊。在如此精心的呵护下，我想她们的友谊之树一定根深蒂固、直耸入云。和她们比起来，身体健康的我们是不是有些惭愧呢？我们随时随地都可以打电话，随时随地都能够说出自己的心里话，然而，也许是因为随时随地都可以做这些事情，所以我们反而不会放在心上。我们总是告诉自己，过段时间再联系也行，没有必要非得今天联系。但是，正因为如此，我们渐渐地忘了彼此。

## 心态悟语

请向那对哑女学习吧，当你想给自己最好的朋友打电话时，不要犹豫、不要迟疑，就在此时此刻，请你拿起电话，给他拨过去。也许你们并没有什么要紧的话要说，但是，仅仅几声轻轻的问候，就足以使你的朋友感受到莫名的温暖。

（1）拿起通讯簿吧，看看有多少朋友你很久没有联系了。

（2）想到了谁，就赶紧联系吧，友谊之树经不起枯萎。

（3）不需要多么肉麻的表达，也不需要你明确地说出想念对方，只需要一个电话，寥寥数语，对方就足以体会你的心意。

（4）友谊之树需要你常常浇水，这样它才能长成参天大树。

# 认真观察，别被表象所迷惑

在生活和工作中，虽然我们崇尚雷厉风行的作风，但是有的时候，遇事三思而后行也是很重要的。我们都知道不能听信谣言，但是很多人并不知道，有的时候我们甚至不能相信自己的眼睛和耳朵。因为眼睛看到的有可能是假象，耳朵听到的有可能是迫不得已的难言之隐，所以我们需要静静地观察和辨识。常言道："路遥知马力，日久见人心。"有些人，很善于伪装自己，一时半会儿是认不清的；有些人，从不张扬，必须经过日久天长才能认清他的真心。所以遇事慢三分吧，尤其当你非常冲动地想干一件事情的时候，缓一缓再展开行动，是很有必要的。

最近，一家公司里来了一位新主管，大多数同事都很兴奋，据说他是个能人，专门被派来整顿业务，公司会因此有较大的变动，大家的待遇也可能会有所提升。但一天天过去，新主管毫无作为，每天早早进了办公室后，便躲在里面不出门，那些本来紧张得要死的坏分子，现在反而更猖獗。于是有人私下里议论："他哪里是个能人嘛！根本是个老好人，还不如以前的主管呢！"

一转眼，半年过去了，当大家对主管渐渐感到失望时，新主管却发威了，不称职的人一律开除！能人则获得晋升。下手之快，断事之准，与半年前表现保守的他，简直判若两人。年终聚餐时，新主管在酒过三巡之后致词："相信大家一定对我刚到任期间的表现和后来的大刀阔斧感到不解，现在听我讲个故事，各位就明白了。我有位朋友，买了栋带着大院的房子，他一搬进去，就将那院子全面整顿，杂草树一律清除，改种自己新买的花卉。某日，原先的屋主来访，进门大吃一惊地问：那最名贵的牡丹哪里去了？我这位朋友这才发现，他竟然把牡丹当草给铲了。后来他又买了一栋房子，虽然院子更杂乱，但他按兵不动。果然，冬天以为是杂树的植物，春天里却开了繁花；春天以为是野草的，夏天里却成了锦簇；半年都没有动静的小树，秋天居然红了叶。直到暮秋，他才真正认清哪些是无用的植物，然后大力铲除，并使所有珍贵的草木得以保存。"

说到这儿，主管举起杯来："让我敬在座的每一位，如果这办公室是个花园，你们就是其间的珍木，珍木不可能一年到头开花结果，只有经过长期的观察才认得出啊！"

假如那位主管一进公司就大刀阔斧地改革，那么，在不了解真相或者被虚伪的表象迷惑的时候，他很可能会伤及无辜，甚至失去那些原本能干的将才。他很聪明，选择了默不作声地观察。当那些猖獗分子从最初的谨小慎微变成后来的肆无忌惮时，他们自然就露出了自己的马脚。而那位主管呢？自然通过日积月累的观察了解了同事们的脾气秉性，也从大局上把握了公司的状况。等到一切成竹在胸的时候再开始行动，岂不更具有针对性、更具有杀伤力？成效也更加显著。

## 心态悟语

其实，很多时候我们都不能着急，因为，在冲动之下，我们往往会变成失去理智的魔鬼。要想使自己成为一个稳重的理性的人，我们应该学会控制自己激动的情绪，在进行冷静观察之后再开展行动。

（1）如果你误解了一个人且又立即对他采取了非常的措施，那么，当误解消除的时候，你一定会追悔莫及。

（2）如果你能够在盛怒之下控制自己的情绪，经过深思熟虑再去采取措施，那么你就会大大降低自己误伤别人的概率。

（3）每个人都有可能犯错误，如果不是原则性的，我们应该学会原谅别人。即使是原则性的，我们也要且慢下手，等到了解事情的真相之后再决定如何去做。

（4）即使慢三分，也不要因为着急而误解别人、误伤别人。


# 用宽容对待友情，你将收获真正的朋友

在人与人交往的过程中，难免会有摩擦、争吵、误解等，在这种情况下，你是记在心里还是彻底忘记？如果你记在心里，你就永远无法原谅那个伤害你的人，同时，你的心灵也会因为仇恨的存在而变得无比沉重。相比之下，忘记显然是更好的选择。假如你能够忘记别人对你的伤害，那么，别人看到友善的你，自然不会再去伤害你。更重要的是，因为遗忘，你变得更加轻松了，你的心灵没有任何负荷，所以你可以在人生的路上轻松前行。

一天，萨克和朋友路易、戴尔一起出去旅行。

三人走到一处峡谷，萨克一时不慎，险些滑向谷底，幸亏路易手疾眼快拉住了他，才将他救了起来。萨克感恩不尽，并在他遇险之处的一块大石头上刻下了一行字："某年某月某日，路易于此救了萨克一命。"

三人继续向前走，第二天他们又来到了一处海边。萨克和路易因为一点小误会吵了起来，路易一气之下打了萨克一耳光。萨克并没有还手，而是在沙滩上写下了一行字："某年某月某日，路易于此打了萨克一耳光。"

三人接着向前走，走着走着，戴尔忍不住好奇地问萨克："萨克，为什么路易救你的时候你要在石头上刻下一行字，而他打你的时候你却在沙滩上写下一行字呢？"

萨克回答说："哦，这很简单。在石头上刻下那行字，是要永远感谢路易救过我；而在沙滩上写下那行字，是希望我们之间的怨恨能够像沙滩上的字随着潮水一去不复返。"

把别人对自己的好刻在坚硬的石头上，牢牢地记在心里，以便时时记住，感谢别人的恩情。把别人对自己的不好刻在沙滩上，一旦有海水冲过沙滩，沙滩上的字就会随之消失，心中的仇恨也就不复存在。用这种态度与人相处，你就会活在友爱之中，整天都觉得无比轻松。不得不说的是，假如你把上面的态度颠倒了，你就会整日活在仇恨之中，不但影响你与朋友的交往，也会使你自己的心情变得非常糟糕。

## 心态悟语

与其给自己一加仑苦涩的胆汁，不如选择一滴蜂蜜，这样，既甜了别人，也甜了自己。

（1）朋友也是人，不是神，不可能没有任何缺点。如果他们无意间伤害了你，请把心痛的感觉画在沙上，等待海水的冲刷。

（2）假如朋友欺骗了你、伤害了你，不要悲伤、不要哭泣，更不要以牙还牙，也许朋友有不得已的苦衷，让我们试着原谅他们吧！

（3）把朋友对你的点滴好处都铭记心间，这样，你会更加友好地和朋友相处。

（4）朋友之间的友谊也是需要经营的，让我们宽容地待人待己吧！

# 真正的朋友值得用生命相交

所谓朋友，就是在危急关头把生的希望留给你的那个人。

迈克是一家公司的老板，因为喜欢旅行，他买了一架小型飞机。一天，他和好友安迪及另外5个人乘飞机飞过一个人迹罕至的海峡。

迈克发现飞机油箱漏油了。飞机上的人一阵惊慌，迈克说："没关系，我们有降落伞！"说着，他将操纵杆交给同样会开飞机的安迪，自己去取降落伞。迈克给每个人发了一顶降落伞，也在安迪身边放下一个盛有降落伞的袋子。他说："安迪，我带着5个人先跳，你在适当时候再跳吧。"说着，他带领5个人跳了下去。

飞机仪表显示油料已尽，安迪决定跳伞。他抓过降落伞包，一掏，大惊。包里没降落伞，是迈克的旧衣服！安迪咬牙大骂迈克，只好使出浑身解数驾驶飞机，能开多远算多远。飞机无声息地往下降，与海面距离越来越近……就在安迪彻底绝望时，海岸出现了。他大喜，用力猛拉操纵杆，飞机贴着海面冲到海滩上，安迪晕了过去。

半月后，安迪回到他和迈克所居住的小镇。他拎着那个装有旧衣服的伞包来到迈克家的门外，发出狮子般的怒吼："迈克，你这个出卖朋友的家伙，给我滚出来！"

迈克的妻子和三个孩子跑出来，安迪很生气地讲了事情的经过，迈克的妻子一边说"他一直没有回来"，一边认真检查那个包。她从包底拿出一张纸片，只看了一眼，就大哭起来。安迪一愣，拿过纸片来看，纸上有两行极潦草的字，是迈克的笔迹，写的是——安迪：我的好兄弟，机下是鲨鱼区，跳下去必死无疑。不跳，没油的飞机会很快坠海。我跳下后，飞机重量减轻，肯定能滑翔过去……你大胆地向前开吧，祝你成功！

一生之中，能够有迈克这样的朋友，对于任何人而言，都是可遇而不可求的。反过来说，对于朋友，我们是否能够做到这一点呢？不要忘记，正是因为安迪心甘情愿地留下来驾驶飞机，他才能够顺利地在迈克的安排下得到生的机会。假如安迪也争先恐后地跳伞而不愿意留下来掌控飞机，那么葬身鱼腹就是他。由此可见，付出是相互的。

## 心态悟语

（1）假如你和朋友不幸遇到了灾难，你们会争着逃生吗？如果你们互不相让，那么你们生存的机会就会更小，也许会同归于尽。

（2）当事情不可逆转的时候，我们应该真心地为朋友着想，因为他们曾经也真诚地对待过我们。

（3）那个装满旧衣服的伞包，无疑会成为安迪一生中永远的怀念，因为那个伞包里装满了浓厚真挚的友情。

（4）在最危险的时刻，毫不犹豫地把生的机会让给你的那个人，就是你真正的朋友。

# 友情，让生命更有力量

这个世界上，除了你至亲的人以外，有没有一个人能让你心甘情愿地为了救他而献出自己的生命？反之，这个世界上，除了你至亲的人以外，有没有一个人能心甘情愿地为了救你而献出自己的生命？如果这两个问题的答案对于你而言都是肯定的，那么你就是这个世界上最幸福的人，因为你拥有与你真心相待的好朋友。

在一所孤儿院里住着一群流浪的孩子。那是个战乱时期，由于飞机的狂轰滥炸，一颗炸弹投进了这个孤儿院，几个孩子和一位工作人员被炸死了，还有几个孩子受了伤，其中有一个小女孩流了许多血，伤得很重！

幸运的是，不久后一个医疗小组来到了这里，小组只有两个人，一个女医生、一个女护士。

女医生很快进行了急救，但在那个小女孩那里出了一点问题，因为小女孩流了很多血，需要输血，但是她们带来的不多的医疗用品中没有可供使用的血浆。于是，医生决定就地取材，她给在场的所有人验了血，终于发现有几个孩子的血型和这个小女孩是一样的。可是，问题又出现了，因为那个医生和护士都只会说一点点越南语和英语，而在场的孤儿院的工作人员和孩子们只听得懂越南语。

于是，女医生尽量用自己仅会的越南语加上一大堆的手势告诉那几个孩子："你们的朋友伤得很重，她需要血，需要你们给她输血！"终于，孩子们点了点头，好像听懂了，但眼里都藏着一丝恐惧！

孩子们没有人吭声，没有人举手表示自己愿意献血！女医生没有料到会是这样的结局！她一下子愣住了，为什么他们不肯献血来救自己的朋友呢？难道刚才对他们说的话他们没有听懂吗？

忽然，一只小手慢慢地举了起来，但是刚举到一半又放下了，好一会儿又举了起来，便再也没有放下！

医生很高兴，马上把那个小男孩带到临时的手术室，让他躺在床上。小男孩僵直地躺在床上，看着针管慢慢地插入自己细小的胳膊里，看着自己的血液一点点地被抽走，眼泪不知不觉地就顺着脸颊流了下来。医生紧张地问是不是针管弄疼了他，他摇了摇头，但是眼泪还是没有止住。医生开始慌了，因为她总觉得肯定有什么地方弄错了，但到底是哪里呢？针管是不可能弄伤这个孩子的呀！

关键时刻，一个越南的护士赶到了这个孤儿院。女医生把情况告诉了越南护士。越南护士忙低下身子，和床上的孩子交谈了一番，不久后，孩子竟然破涕为笑。

原来，那些孩子都误解了女医生的话，以为她要抽光一个人的血去救那个小女孩。一想到不久以后自己就会死，所以小男孩才哭了出来！医生终于明白为什么刚才没有人自愿献血了！但同时她又有一件事不明白了，"既然以为献过血之后自己就会死，为什么他还自愿献血呢？"医生问越南护士。

于是越南护士用越南语问了一下小男孩，小男孩不假思索就回答了。回答很简单，只有几个字，却感动了在场的所有人。他说："因为她是我最好的朋友！"

对于那个男孩而言，在短暂的时间内，他无疑进行了激烈的思想斗争，一边是朋友的生命，一边是自己的生命，他稚嫩的心灵经历了无比的煎熬，所以才会犹豫地举起手来又放下，最后又坚定不移地举起手来。即使一个成年人，在面对如此两难的抉择时，也无法在这么短的时间内作出决定，毕竟生命对于每个人来说只有一次，而小男孩却做到了。他在很短的时间内就决定抽光自己的血去救好朋友。

## 心态悟语

（1）假如需要你抽光自己的血去救你的朋友，你会吗？

（2）假如你需要很多很多血，你的朋友会抽给你吗？

（3）谁说这个世界上真情越来越少，友谊时时刻刻都在温暖和滋润着我们干涸的心田。

（4）如果没有爱，这个世界将变得多么冷。正是因为有了爱，世界才变成了温暖的人间。

# 真诚相待，对手也可以变成朋友

在这个世界上，有与我们同一战线的朋友，也有与我们站在竞争起跑线上的对手；而有的时候，这两个角色是能够完美地融合在一起的。毕竟，友谊第一，比赛第二。

美国黑人杰西·欧文斯是一位杰出的田径运动员，他曾多次打破世界纪录，并多次获得奥运金牌。然而，在自己的传记中，他要感谢的是一个叫作卢茨·朗格的人。

事情发生在1936年的柏林奥运会上。当时欧文斯是最有希望获得跳远比赛冠军的选手。在之前的比赛中，他曾经跳出过8.13米的好成绩，并创造了一个后来被保持了25年之久的世界纪录。

但当比赛开始，欧文斯走向沙坑的时候，看到一位身材高大、金发碧眼的选手在练习，他几乎每次都能跳出8米左右的成绩。这位选手就是卢茨·朗格，他不仅实力超群，是金牌的有力竞争者，而且是个白皮肤的德国人。欧文斯感到有点紧张，当时纳粹一直在宣扬"白种人优越"论，整个奥运会都被笼罩在阴影之下，虽然他很想用自己的实力证明这只是一个谬论，但他没有信心超过卢茨·朗格。

比赛开始了，欧文斯第一次起跳时，被判起跳失败。他心里更加紧张，动作也开始犹豫起来了，结果第二次起跳他又犯规了。如果再犯规一次，他就被淘汰了，这时他更加紧张了。就在这时，卢茨·朗格走了过来，对欧文斯说："你的实力是明显的，即使闭上眼睛你也能跳进决赛。"接着，他又向欧文斯建议，既然只须跳过7.15米就能进决赛，那为什么不在跳板前起跳呢？欧文斯按他的建议做了，结果轻易地取得了决赛资格。决赛时，欧文斯发挥良好，打破了奥运跳远纪录。卢茨·朗格是第一个向他祝贺的人，并且是当着希特勒的面这样做的。

后来，欧文斯在他的自传中写道："即使把我所有的奖杯奖牌熔掉，也不能锻造出我和卢茨·朗格的纯洁友谊。"

和其他的友谊比起来，竞争对手之间的友谊显得更加真挚、更加感人，毕竟，你必须有博大而又宽广的胸怀才能够去帮助一个即将与自己展开竞争的人。可以说，这样的友谊是真正的友谊，是真心的友谊，是毫无私心杂念的友谊。

在一次考试中，原本一直考第一名的雨欣的成绩很糟糕。其实，除了英语以外，她的各科成绩都很好，只是英语拖了她的后腿。见此情形，原本位于雨欣之后的林楠主动要求帮助雨欣。刚开始的时候，很多同学都不理解，雨欣一旦落到第二名，林楠就能够稳稳当当地夺得第一名了，林楠为什么要帮助雨欣呢？虽然同学们对此议论纷纷，但林楠依然我行我素。她帮助雨欣分析了英语考试失利的原因，并且与雨欣约定每天早晨一起提前到教室读半个小时的英语。每天晚上，林楠还会监督雨欣背诵十个英语单词。就这样，一个学期过去了，在期末考试中，雨欣的英语成绩果然有了很大的提高，她与第一名林楠之间只差了两分。见此情形，林楠高兴地说："雨欣，继续加油啊，你马上又要坐回第一名的宝座了！"林楠非常真诚，她是发自内心地为雨欣感到高兴。没多久，雨欣果然再次坐回了第一名的宝座上。林楠呢？又屈居第二了，不过，林楠并不灰心，她向雨欣发出了挑战："雨欣，让咱们在下一次考试中一决胜负吧！"

真正的强者，是需要有对手的，因为对手的存在，他们觉得自己活得更加真实，也更有动力。林楠之所以帮助雨欣，一则是因为她们之间的友谊，二则也是为了自己的发展。真正的强者不惧怕对手，他们只担心对手不够强大。他们博大的胸襟，使他们有胆量去帮助对手取得进步，从而与其展开角逐。所以，让我们真诚地对待那些原本是我们对手的朋友吧，有了他们的陪伴，我们的成长之路才不会寂寞！

## 心态悟语

（1）对手是你的一面镜子，拥有什么样的对手，你就拥有什么样的实力。

（2）对手能够促使你不断进步，所以，在帮助对手的同时，你其实也在帮助自己。

（3）只有有着博大胸怀的人才能够与自己的对手成为朋友，这样的友谊，心胸狭隘者是没有资格拥有的。

（4）真诚地对待你的朋友吧，比赛只是友谊的一种形式，是你们对彼此的一种促进。

# 原谅朋友的伤害，让友情更坚固

在云淡风轻的时候，友情似乎是甘美的酒，给我们的生活增添了几分滋味。一旦陷入危难或者是绝境之中，友情还能如酒吗？在生死存亡的关头，经不起考验的友情会变得像毒药一样，甚至置我们于死地。

第二次世界大战期间，有两个来自同一个小镇的战士在战斗中与部队失散了。

两个人在森林里艰难地跋涉，他们从小在一起长大，关系如同亲兄弟，现在又要相互扶持，艰难度日。几天过去了，他们依然没有找到自己的部队，身上也没有其他的食物，只靠几天前打死的一只鹿勉强度日。不幸的是，这时的他们又遇上了敌兵，经过一番激战，他们巧妙地躲开了敌兵的追赶。就在他们以为安全的时候，只听一声枪响，走在前面的战士中了一枪。不过还算幸运，这一枪只不过打在了肩膀上，并不致命。

后面的战士在枪响后慌忙跑上前来抱着战友的身体泪流不止，他撕下自己的衬衣为战友包扎伤口。到了晚上，他们又饿又冷，可是鹿肉只剩一点了，一个人还能勉强吃饱，两个人根本不够。他们谁也没有动剩下的那点鹿肉，两人都以为熬不过去了，互相讲着小时候的经历，就这样挨过了一夜。没想到天无绝人之路，第二天，部队便找到了他们。

其实，受伤的战士知道是他的战友开枪打了自己。因为当战友抱着他时，他碰到了他那发热的枪管。但他什么也没说，因为他知道战友家中只有母亲一人，失去了他，母亲也难以生活了，而且，就凭他抱着自己哭泣，他也决定原谅他。

战争结束后，他们一起回到了家乡。没想到战友的母亲没有等到儿子回来就去世了，他们决定一起去拜祭老人家。在母亲的坟前，战友给他跪了下来，讲出了那天的实情，请求他原谅自己。他只是笑了笑，说这没什么。两个人的手紧紧握在了一起。

虽然他知道战友曾经想要自己的命，只为了独自占有那块救命的鹿肉，但是，看到战友抱着受伤的自己泪流不止，他从心里默默地原谅了战友。他知道战友是因为牵挂家乡的老母亲才贪恋生的机会，这样的一份理解，不是真正的朋友，是不可能给予的。得友如此，又有什么不满足的呢？

## 心态悟语

即便伤害朋友是无奈之举，也难免使人觉得心寒胆战。然而，真正的朋友能够原谅你这种失去理智的行为，因为他知道你是有难言之隐的。只有到此时此刻，你才能意识到，你真的愧对这份友情，进而从内心深处决心用生命去珍惜这份世间难得的情谊。

（1）因为患难，我们得以辨识友谊的真实面目，有些看似亲密无间的朋友疏远了，有些看似淡如水的君子之交反而更加亲密了。

（2）即使朋友在患难之中对你做出了反常的举动，也请你设身处地地为他着想。很多时候，我们不是为自己而活，而是要顾及很多人。

（3）人无完人，我们的朋友有不尽如人意的地方。宽容地对待朋友，能够使我们的友谊之树常青。

（4）真正的朋友，不会因为一时的利益得失而反目成仇。真正的朋友，是一生一世的陪伴。


## 物以类聚，以友为镜正己身

在生活中，几乎每个人都有朋友，如果没有朋友，我们就无法在这个世界上生存下去。常言道，物以类聚，人以群分。一般情况下，只有性格相似、志趣相投、志同道合的人才能成为朋友。很多时候，我们要想了解一个人，完全可以通过观察他身边的朋友达到这个目的。因为，朋友就像我们的一面镜子，一个人有什么样的朋友，他就是什么样的人。

四个刚刚得道的仙人都想知道人参果到底是什么味道，于是他们约定，分别找到唐僧师徒四人询问，回来后向大家汇报。第一个仙人回来后说："人参果味道鲜美，非常好吃。"第二个仙人连连点头说："确实如此啊，都说那味道只有天上才有。"第三个仙人也对前两个人说的话表示赞成。只有第四个仙人反驳道："你们都被骗了，人参果吃起来滑溜溜的，根本没什么特别的味道。"四个人争执不下，最后跑到南极仙翁那里去问个究竟。南极仙翁想了一下，问四个人："你们是怎么知道人参果的味道的？""我问的唐三藏。"第一个仙人说。"我问的孙悟空。"第二个仙人说。"我问的沙悟净。"第三个仙人说。"那你呢？"南极仙翁问第四个仙人。"我问的猪八戒。""这就对了。"仙翁捻着胡须微笑着说，"当年猪八戒吃人参果的时候连嚼都没嚼，他怎么会知道人参果真正的味道呢？"

四个仙人，分别拥有不同的朋友，通过不同的朋友，他们了解了人参果的味道。其中，只有贪吃的猪八戒没有尝到人参果的真正味道，因为他吃人参果的时候是一口吞下去的，根本没有经过咀嚼。其实，生活中的很多事情，朋友的看法对我们来说都是很重要的，小到去哪里吃饭，大到去哪里买房，我们都会征询朋友的意见，在做一些大事的时候，我们还会让朋友给我们把把关。这个时候，如果你没有一个好朋友给你正确的引导，那么就是一件非常麻烦的事情了。

## 心态悟语

（1）你的身边围聚着哪些朋友，看看他们，你就能够更加深入地了解自己了。

（2）朋友是我们的一面镜子，我们一定要选择那些与我们志同道合、兴趣相投的朋友。

（3）要想了解一个人，你可以先观察他身边的朋友，因为朋友就是他的第二个自我。

（4）我们要结交益友，远离损友。

# 感恩生命，平凡的你
# 也可以拥有精彩人生

　　不管生活如何对待我们，我们都要怀着一颗感恩的心，感谢生命，感谢阳光，感谢雨露，感谢绿树，感谢鲜花，感谢春回大地，感谢坎坷和磨难使我们成长。拥有一颗感恩的心，你才会少几许抱怨，多几许感恩，你的人生才不会充满愤恨，而是满怀感激、满怀欣喜。感恩生命，平凡的人生同样可以异彩纷呈。

## 活着，才可以遇见美好

生命，对于任何人而言，都是这个世界上最珍贵的东西，因为生命只有一次，再无重来。即使命运再怎么坎坷，人们也要活着。活着，本身就是一种莫大的幸运。试想一下，这个世界上每天都有很多人因为意外而丧生，而你却顽强地活着，尽管你遭遇了很多坎坷和挫折，但是你依然能够享受生活的无限美好，这岂不是一件值得庆幸的事情吗？所以，感恩生命吧，活着，就是你最大的幸运。

有这样一个青年，他觉得自己非常不幸。

10岁时，他的母亲害病去世，他不得不学会洗衣做饭，照顾自己，因为他的父亲是位长途汽车司机，很少在家。

7年后，他的父亲又死于车祸，他必须学会谋生，养活自己，他再也没有人可以依靠。

20岁时，他在一次工程事故中失去了左腿，他不得不学会应付随之而来的不便，他学会了用拐杖行走，倔强的他从不轻易请求别人的帮助。最后他拿出所有的积蓄办了一个养鱼场。然而，一场突如其来的洪水将他的劳动和希望毫不留情地一扫而光。他终于忍无可忍了，他找到了上帝，愤怒地责问上帝："你为什么对我这样不公平？"

上帝反问他："你为什么说我对你不公平？"

他把他的不幸讲给了上帝。

"噢！是这样，的确有些凄惨，可为什么你还要活下去呢？"

年轻人被激怒了："我不会死的，我经历了这么多不幸的事，没有什么能让我感到害怕。终有一天我会创造出幸福的！"

上帝笑了，他打开地狱之门，指着一个鬼魂给他看，说："那个人生前比你幸运得多，他几乎是一路顺风走到生命的终点，只是最后一次和你一样，在一场洪水中失去了他所有的财富。不同的是，他自杀了，而你却坚强地活着，这就是你的命运，你更懂得感恩生活的磨难。"

在生活的磨难面前，大多数人选择了坚强地活着，所以他们有了更多的时间和机会去享受生命的美好；而极少数的怯懦者却选择了放弃，谁又敢说他们在离开人世的一刹那没有感到后悔呢？不管怎样，能够看到花开，能够听到鸟叫，能够感受到阳光照耀在身上的温暖，活着，就是一件无限美好的事情。

## 心态悟语

当你死过一次之后，你对于生命就会有更加深刻的感悟。那些原本使你气愤的事情，在死亡面前都显得微不足道，此时此刻，对于你而言，最重要的就是好好地活着，好好地去爱。

（1）生命是宝贵的，对于每个人而言都只有一次，我们不知道自己的生命有多长，所以，把每一天都当成是上天最珍贵的馈赠吧！

（2）当你经历了死亡，你更应该意识到生的宝贵，即使生命变得残缺不全，我们也应该努力地活着。

（3）如果你连死都不怕，你还怕活着吗？

（4）活着，是一件最大的幸事。

## 享受当下的风景，每时每刻都是幸福

幸福从来没有固定的标准，更没有准确的定义，不管什么时候，拥有一颗满足的心，都是我们获得幸福的前提。假如我们深陷欲望的深渊，永远不知道满足，那么我们就彻底地与幸福绝缘了。

著名作家史铁生曾经这样写道：

"生病的经验是一步步懂得满足。发烧了，才知道不发烧的日子多么清爽。咳嗽了，才知道不咳嗽的嗓子多么安详。刚坐上轮椅我常想，不能直立行走岂不是把人的特点搞丢了？便觉天昏地暗。

"等又生出褥疮，一连几天只能歪七扭八地躺着，才看见端坐的日子其实多么晴朗。后来又患尿毒症，昏昏然不能思想，就更加怀恋起往日时光。终于醒悟：其实，每时每刻我们都是幸运的，任何灾难前，都可能再加上一个'更'字。"

......

也许有必要相信：能从心底里说出这话的人，一定是吃尽了"疾病"的苦头，所以才把自己幸福的底线定得如此之低。但相信归相信，很多的人依旧是我行我素地过活，等到某一天终于开始意识到什么是真正幸福的时候，这才发现生命留给自己享受幸福的时间已经是少得不能再少了。

## 心态悟语

"熙熙攘攘为名利。"许多人一生都在茫茫的红尘中不停地奔走，结果深深地陷在名与利的泥潭里而不能自拔。"蓦然回首，那人却在灯火阑珊处。"等到悟出真正的幸福其实就在出发原点的时候，却为时已晚。

（1）你想要的是什么？你应该弄清楚。

（2）对于你而言，怎样的生活才是幸福的？对金钱的追求是永无止境的，如果陷入其中，那么你的一生都不会获得幸福。

（3）不管什么时候，不管身处何种境遇，一颗容易满足的心都能够使你与幸福永远相伴。

（4）古人云，知足常乐，只要牢记这一点，我们就更容易得到快乐。

# 别人厌恶你的地方，正是你的不足之处

每个人都希望得到别人的肯定和赞扬，因为人是需要被肯定的。然而，生活中，也许是因为偶然，也许是因为能力限制，我们无法把每件事情都做得尽善尽美。这个时候，等待我们的也许就不是赞扬了，而是批评，甚至是羞辱。假如你因为别人的羞辱而放弃自己，不再努力，那么你的一生就注定与失败结缘了。真正的强者，不会因为别人抓住了他的把柄羞辱他而绝望，相反，在他看来，别人的羞辱恰恰为他指出了不足，使他努力的方向更加明确。

格林尼亚出生在法国西北的瑟堡，父亲是一家造船厂的老板，整天忙于发财，对子女溺爱有余，管教不足。格林尼亚从小游手好闲，整天浪迹街头，不把学习放在心上，成为一个名副其实的公子哥。由于长相英俊，出手大方，格林尼亚在情场上春风得意，总能讨得异性的欢心，把一个个漂亮的姑娘吸引到身边。

然而，在这个世界上，拥有足够多的金钱并不意味着就拥有一切，相貌堂堂也未必能赢得尊重。在一次午宴上，格林尼亚走到出众的美女波多丽面前调情。与以往每次都获得美人心相反的是，他非但没有赢得波多丽的欢心，反而遭到了一番奚落："请你走远一点，我就讨厌像你这样的公子哥在眼前晃荡！"

这一句充满无礼与轻视的话，就像一把匕首捅在他心头。他长期以来呈休眠状的羞耻心一下子被唤醒。格林尼亚陡然意识到：家庭的富有并非个人的荣耀，要赢得真正的尊重，有赖于自己用努力去争取。排遣着无边的懊恼和悔恨，他甩掉一身自以为潇洒的轻浮，打起精神走上一条有理想、有追求的路。

这年，格林尼亚21岁。为了摆脱家庭长期溺爱导致的松懈，他决定换换生活的环境。于是，他留下一封书信说："请不要打听我的下落，相信通过刻苦学习，我一定会干出些成就来的。"

格林尼亚从瑟堡出发，来到里昂。他用两年的时间修完耽误的全部课程，取得里昂大学插班就读的资格。投入校园生活后，他倍加珍视来之不易的机会，引起了化学权威巴尔的注意。在名师的指点下，他进行了一系列的实验，很快发明了格氏试剂，被学校破格授予博士学位。这一消息轰动了法国，也让格林尼亚的父亲感到非常欣慰。

又一个四年的辛劳之后，格林尼亚终于取得了卓越的成绩。1912年，他被授予诺贝尔化学奖。波多丽得知这一喜讯，在病床上亲自给他写了一封贺信："我永远敬爱你！"就这么一句话，让格林尼亚激动万分。他永远感激这位美女当初对他那一番近乎侮辱的训斥。

## 心态悟语

如果不是波多丽的羞辱，格林尼亚也许会继续不自知地得意扬扬下去。波多丽的一番羞辱，恰如当头一棍，打醒了格林尼亚，使他认识到了自己的不足。正因为此，世界上才多了一位伟大的化学家，为人类作出了卓越的贡献。因此，被别人羞辱的时候，请不要急于恼怒，而应静下心来反省自己，审视自己是不是真的做得不够好。

（1）别人的羞辱不会是无端的，请先反省自己是否真的如他人所说的那样糟糕。

（2）有的时候，我们无法正确客观地评价自己，对于别人的评价，不管是好的还是坏的，我们都应该细细考量。

（3）从某种意义上来说，羞辱是另一种形式的鞭策。

（4）感恩在你生命中出现的一切人和事吧，不管是友好还是伤害，是它们促使你不断成长。

# 助人便是助己，心怀感恩的人有好报

古人曾经说过，"滴水之恩，当涌泉相报。"我们要感恩，因为它使我们变得更加坚强，使我们不断成长。生命中，需要我们感恩的人和事太多，假如我们始终怀着一颗感恩的心面对人世间的悲欢离合、万事万物，那么我们的内心就会变得安宁。在这个世界上，如果缺乏感恩之心，必然会导致人际关系的冷淡。与此相反，当你心怀感恩地向别人奉献出自己的爱心时，他人在你危难之际也会加倍地帮助你。

在第二次世界大战期间，犹太民族遭到严重迫害。那时，逃出欧洲的犹太人痛苦地发现，畏于希特勒淫威，整个世界均冷酷地对他们关上了大门，唯有中国上海一扇小门尚敞开。消息传开，短时间内世界各地共五万犹太人逃到上海避难。上海当时浑然不知希特勒是谁；上海只是个开放的、不设防的城市；

任何人来上海都无需签证。

战后，五万犹太人几乎全部离去。他们中的大部分人成了以色列复国后的第一代开国元勋。

1976年唐山大地震，以色列在第一时间向我国捐赠一亿美元。

上海虹口唐山路一带不起眼的老房子，近来变得不寻常；年年有从以色列等世界各地远道而来探访的犹太人，他们扶老携幼，流连忘返，深情地寻访他们当年的诺亚方舟！

站在特拉维夫街头，你尽管大声宣布自己是中国人，或是干脆说自己是上海人。你会发现有很多素昧平生的以色列男女老少请你到他家去喝茶吃饭。在以色列，当年犹太人在中国上海的避难史是写进教科书里的，是写进族谱史的。在以色列，有一个纪念碑：中国人，我们不会忘记你们的恩。其实，我们不过救了五万犹太人，却因此得到了他们举国的尊敬和后来多年的军事科技帮助。

因为不经意间的馈赠，中国上海被写进了犹太人的教科书。从此以后，犹太人始终对中国上海心存感恩，因为他们知道，中国上海曾经是他们的诺亚方舟，是他们的避难所。正因为此，在中国唐山发生大地震的时候，他们才会慷慨解囊。只要你愿意付出，不管你是有意的还是无意的，终有一天，你会得到别人慷慨的馈赠和回报。没有人会忘记别人的好，即使时间流逝，光阴流转，在别人心中，你的好不会淡去，只会变得越来越深厚。从某种意义上来说，人情是需要储蓄的，你必须先有舍，才能有得，你必须先有付出，才能有回报。

## 心态悟语

心怀仇恨给你带来的伤害，远远比伤害本身更为严重，既然如此，我们为什么不选择遗忘和宽容呢？心怀感恩的人，是一个幸福的人。心怀感恩的人，能够宽容地对待世间的一切变幻，进而得到别人的宽容和善待。

（1）用仇恨和伤害去回报伤害，你得到的永远是伤害；用感恩和宽容去回报伤害，你得到的将是愧疚和悔改。

（2）只有你先付出了，先舍得了，你才能够得到别人无私的回报。

（3）只有心怀感恩的人，才能更加深刻地领悟到生活的美好。

（4）心怀感恩吧，你播种的善的种子，必将回馈给你更多。

## 如果生命只有一天

很多人，总是抱怨命运对自己太不公平，抱怨自己得到的太少而付出的太多。因为朋友偶然犯的一个错误，他们怒火中烧；因为年幼的孩子不小心把果汁洒在了地上，他们大发脾气；因为爱人没有按时回家吃饭，他们甚至口不择言地提出了离婚……很多人在愤怒之余忘记了感恩和珍惜，成了抱怨和负面情绪的奴隶。假如生命中只剩下一天的时间，你还会这样做吗？肯定不会。那么，就把生命中的每一天都当成一辈子去过吧，如果生命只有一天，你就会加倍珍惜身边的人和事。

一位曾经到阿拉斯加拜访过爱斯基摩人的作家，回来之后向人们讲述了他在那里的一则见闻：

"永远不要问爱斯基摩人他多大了。即便你问，他们也会对你说：'我不知道，我也不在乎。'再追问下去，他们就会说：'不到一天大！'爱斯基摩人相信，到了晚上入睡的时候，他们就死了。但到第二天清晨醒来时，他们又重新复活。因此，没有一个爱斯基摩人能活过'一天'！也正因为此，每一个爱斯基摩人的面容都不带忧愁和焦虑，他们快快乐乐地过着自己的每一个'一天'。"

"不到一天大！"——这并不是爱斯基摩人的一句玩笑话，仔细地回味这种"不到一天大"的生命心态与理念，你的心中一定会增添一份深刻的崇敬，甚至会感受到一种莫大的震撼。

正是因为把每天都当成是自己生命中的最后一天来过，所以爱斯基摩人才会每天都轻松坦然，从来不为不值得的事情耗费自己的生命，更不会把自己宝贵的生命浪费在生气和抱怨上。

有一位名人曾经说过，假如你把每一天都当成是生命中的最后一天，那么终有一天，你会发现你是正确的。话虽然简单，却揭示了一个深刻的人生道理。假如我们能够做到这一点，我们就能够轻松地度过自己的人生。我们的人生就会多几分坦然和从容，少几分沉重。

## 心态悟语

几乎一切事情，包括荣誉、骄傲、对难堪和失败的恐惧，都会在死亡面前消失得无影无踪。当面对死亡的时候，即使最想不开的人，也会豁然开朗。所以，不如像爱斯基摩人一样，把每一天都当作一种新生，只有这样，我们才能时刻感激生命的馈赠和恩赐，满怀感恩地度过生命中的每一天。

（1）生命，是命运给我们的最好馈赠。生命，对于每个人都只有一次，让我们好好地享受生命吧！

（2）把每天都当成一辈子来过，你会更加珍惜自己的一呼一吸，你会抛开那些身外之物，全身心地投入美好的生活。

（3）只有在生命即将失去的时候，我们才能真正感受到生命的可贵。

（4）就当自己死过一次一样，好好地活吧！


# 学会分享，让生活变得有意义

现在，越来越多的富豪开始回报社会，他们把经年累月辛辛苦苦赚来的钱用于救济穷人，帮助穷人家的孩子接受教育，以改变他们的命运。也许有人会说，他们为什么要这么做呢？辛辛苦苦地赚钱，然后再把自己赚到的钱送给别人，那还不如不赚钱呢，自己还能轻松一些。有这种想法的人无疑是自私的，他们始终活在小我之中，目光短浅。其实，富豪们之所以这么做，是因为分享是一种乐趣。也许，刚开始的时候，是我们把自己的所有同别人分享，但是终有一天，别人也会把他们的所有同我们分享。整个社会在分享中变得越来越和谐，人人都在享受分享的乐趣。如此一来，世界就会变得更加美好。

有个亲戚送来一筐桃子。

父亲有意考察一下两个儿子，就装作发愁的样子问："这么大一筐桃子，一时半会儿肯定吃不完，应该怎样才不至于浪费呢？"

"先吃熟透的呗！"大儿子抢先说道，"谁都知道的，没有熟透的桃子可以多放几天啊。"

"可是，这些桃子，至多能留两三天呀，我们吃桃子的速度肯定赶不上桃子腐烂的速度嘛！"很显然，父亲有些不太满意大儿子的建议，他把目光转向了小儿子，"你呢，你有什么好的办法吗？"

小儿子思索了一下，回答说："我看这样好了，留下一些桃子咱们自己吃，然后把剩下的分给左邻右舍吧。如此一来，既保证了桃子一个不浪费，也加深了邻居之间的感情。"听了小儿子的建议，父亲非常满意地点了点头。这个小儿子就是潘基文。54年之后，他成功地当选为联合国新一任秘书长。

懂得分享的人拥有博大的胸怀，他们对世人充满了爱，所以他们的生活始终与幸福相伴。

自从1975年创办微软之后，盖茨在13年之中始终是全球首富。

然而，在退休前一周，盖茨决定把总计市值为580亿美元的个人资产全部捐给慈善基金会。这项决定是他与妻子梅琳达一起作出的，盖茨说："我们希望把我们所创造的财富回馈于社会，因为，只有这样，它才能产生最积极的效应，最大限度地造福人类。"

盖茨承诺，他将把资产移交至由他和梅琳达于2000年创办的"比尔和梅琳达·盖茨基金会"的账户名下，因为那个慈善机构致力于在全球范围内推广卫生和教育项目，如今已经成长为美国最具规模的民间慈善机构。盖茨甚至不准备给孩子留下任何遗产，而是让孩子们自己去努力奋斗，创造自己的人生。

在盖茨的身上，我们更加深刻地了解了分享的含义。盖茨从未局限于自身，而是放眼世界，将自己的成就与更多的世人分享。

## 心态悟语

很多拥有得来不易，这就使得我们更加珍惜自己的拥有。然而拥有不是占有，在享受自己所拥有的一切的同时，我们更应该学会分享。

（1）社会的资源是有限的，与其浪费资源，不如把多余的资源分给那些需要的人。

（2）与其等到桃子不新鲜的时候再吃，不如把新鲜的桃子分给他人，这是一举两得的办法。

（3）我们不是大富豪，没有那么多的财富与人分享，不过我们可以与人分享生活中的其他资源。

（4）不管是我们与人分享我们的资源，还是我们分享别人的所有，都是一件使人高兴的事情。

## 感恩生活的点滴，领悟活着的美好

生活中，我们是否因为太忙碌而忘记了感恩？面对路边正在盛开的娇艳花朵，我们甚至来不及多看一眼，就匆匆而过了。面对路人的微笑，我们甚至无暇顾及，更没有时间给对方一个微笑。忙碌的清晨，我们穿梭在一条条错综复杂的地铁线路中，就像蚂蚁一样在这个拥挤的城市求得生存。

一次，汤姆在一家雅致的餐厅就餐，发现旁边有三个黑人孩子，他们似乎在餐桌上写着什么。在就餐的时间、就餐的地方，这三个孩子却做着与就餐无关的事。汤姆难以按捺心中的好奇，试探着走了过去。这几个孩子看到汤姆这样一个肤色不同的外国人过来，他们没有一丝扭捏，而是落落大方地和汤姆谈了起来。这三个孩子中，一个十二三岁戴眼镜的男孩是老大，女孩八九岁是老二，另外一个男孩五六岁是老三。从谈话中，汤姆了解到，他们和母亲是暂时住在这家酒店里的，因为他们正在搬家，新房还未安顿好。

当汤姆问他们在做什么时，老大回答说正在写感谢信。他那副理所当然的神情令汤姆很疑惑。这三个小孩一大早起来写感谢信？汤姆愣了一阵后追问道："写给谁的？""给妈妈。"汤姆心中的疑团一个未解一个又生。"为什么？"汤姆又问道。"我们每天都写，这是我们每日必做的功课。"孩子回答道。哪有每天都写感谢信的？真是不可思议！

汤姆凑过去看了一眼他们每人手里的那沓纸。老大在纸上写了八九行字，妹妹写了五六行字，小弟弟只写了两三行。再细看其中的内容，都是诸如"路边的野花开得真漂亮""昨天吃的比萨饼很香""昨天妈妈给我讲了一个很有意思的故事"之类的简单语句。

汤姆的心头一震。原来他们给妈妈写的感谢信不仅感谢妈妈为他们做了什么，同时也记录下他们幼小心灵中感觉很幸福的一点一滴。他们还不知道什么叫大恩大德，只知道对于每一件美好的事物都应心存感激。他们感谢母亲辛勤地工作，感谢同伴热心地帮助，感谢兄弟姐妹之间的相互理解……他们对许多我们认为理所当然的事都怀有一颗感恩的心。

在孩子幼小的时候，教会他们感恩，这将是孩子一生中收到的最好礼物。虽然他们尚不能深刻领悟感恩的意义，但这会令他们怀着一颗感激的心去接受生活的馈赠—— 一餐饭、一个有意思的故事、路边美丽的鲜花。在他们稚嫩的心灵里，世界是如此美好，他们没有错过任何使他们感到幸福的东西。这样的孩子，长大之后，必将对这个世界充满感恩，对生活的点滴充满感恩，我想，他们的内心一定充满了幸福。

## 心态悟语

生存是为了什么？假如生命只剩下匆匆地奔向终点这一内容，我们的存在还有什么意义？请放慢自己的脚步吧，去闻一闻花香、听一听鸟叫，自在舒缓地行走，认真地欣赏一番路上的风景。

（1）今天，你的生活中发生了什么？哪些是使你高兴的，使你欣喜愉悦的？感谢它们吧，是它们使你的生命更加美好。

（2）不管是阳光，还是阴霾，我们都要感恩，因为正是有了它们，天气才不再单调。

（3）我们每天都要感谢自己的母亲，如果没有她们的精心照料，我们无法健康地成长。即使是一件小事，她们也总是为我们尽心竭力地做好。

（4）感恩，使我们的生命焕发出别样的光彩！

# 因为拥有了生命，所以要好好活着

生活中充满了意外，假如你所爱的人因为意外离开了这个世界，那么请你为了他好好地活下去，因为他始终活在你的心里，你是在为两个人活。

苏珊是个弃儿，在孤儿院长大。她患有严重的先天心瓣膜缺损，活动量稍大，就会引起心脏缺氧而昏迷，随时都有死亡的危险。苏珊在19岁那年到伦敦念大学，她在学校遇见了汤姆，两人一见钟情。

一天，汤姆告诉苏珊，他父母两天后来见她。晚上，苏珊兴奋地将这个消息告诉了孤儿院院长。院长沉默许久，说："苏珊，你不能爱别人，也不能与人结婚，你的心脏不允许你这辈子过婚姻生活。"

苏珊大喊道："可是我爱汤姆，我愿意为他牺牲一切。""我知道，孩子，但那样不仅会要了你的命，也不会带给他幸福。"院长的语气充满了同情和无奈。

苏珊哭了。第二天，苏珊没有去学校，只给汤姆寄了张便条，告诉他自己不能去赴约了。

苏珊收拾行李来到长途车站，决定去遥远的泽西。

车上与苏珊邻座的也是个年轻女孩，她叫巴巴拉。她告诉苏珊，她的父母在泽西相识相爱，所以每年全家三口都要去泽西岛。巴巴拉说："父亲说要在我每个生日之夜向上帝感恩，感谢他给了我们幸福的生活。"

车终于抵达港口，就在等候轮船的间隙，苏珊发觉自己忘了随身带药，好心的巴巴拉主动说："别急，我知道这附近有家药店。"说罢，她匆忙向大街跑去。苏珊望着巴巴拉轻盈奔跑的背影，也就在那一刻，一辆急速的货车冲出来，然后是一阵急刹车。苏珊的心猛地揪了一下，整个人慢慢瘫软倒下。

当苏珊从昏迷中苏醒时，发现汤姆守候在病床前。她回忆起所有的事情，焦急地问汤姆："那个女孩呢？她叫巴巴拉。""她没能活过来。"汤姆低声回答。

苏珊的心隐隐作痛，她下意识地伸手去摸索枕边的护心药。就在这时，汤姆说："不用了，巴巴拉的心换进了你的身体，是她父母主动要求的。医生除了冒险给你做移植手术，已经没有第二条路，感谢上帝，他们成功了。"

苏珊呆住了，她记得巴巴拉讲过，她的生日是4月7日，而她死的那天就是4月7日，命运有时太不可捉摸了！

自从移入巴巴拉那颗健康的心脏，苏珊开始了自己的新生活。几年后，她与汤姆结下美满姻缘，还生下一双儿女。每年4月7日他们都要去泽西岛，要在靠近岛上圣奥宾湾的一家小酒吧里一直守到打烊时分，那曾是巴巴拉一家每年生日聚会的地方。

第15个4月7日夜晚降临时，在圣奥宾湾的小酒吧里，一对老夫妇走进来，选了个靠窗的位子坐下。苏珊坐在另一边，忽然感觉到一种异样的心跳，好像有种神奇的力量招引她起身走过去。两个女人相互凝望着，眉睫泪水盈盈。苏珊哭道："那年我早已心如死灰，只想来泽西找片安静的海水跳下去。而她，多不值得。""可是亲爱的，现在我从你脸上看到的是幸福和快乐呀！"老妇人含泪用手抚摸苏珊的面庞。苏珊说："是的，我活下来了，心里装有两个女孩子对生活的期盼，我必须加倍善待生命。""那就没有什么不值得了。"老妇人道，随后她低声对丈夫说了几句。这时汤姆带着两个孩子走过来，孩子们天真地跟老夫妇打着招呼。忽然，那个小一点的女孩子指着窗外叫道："噢，你们看，月亮从树后面爬上来了。"苏珊低下头，笑着对小女儿说："真是个该向上帝感恩的夜晚，你可不可以为大家把蜡烛点亮，巴巴拉？"

小巴巴拉划了根火柴，伸向桌子中央的银烛台。蜡烛亮了，她仰脸环视着四周的大人，娇憨地笑起来，摇曳的烛光映在她灰蓝的眼瞳里，像闪烁的星星。

乐于助人的巴巴拉为了去给苏珊买药，被车撞了，而她的心脏最终被移植到了苏珊的体内。因为巴巴拉，原本绝望的苏珊更加努力地活着，她要把巴巴拉的一生也活出来。这就是人性。一个人有两颗心脏，不是不可能，一颗住在胸腔里，一颗住在心灵深处。

## 心态悟语

（1）生活中，我们既需要别人给予的爱，也应该将自己的爱赠与别人。

（2）生命之所以温暖，就是因为人与人之间充满了爱，充满了温情。

（3）爱，就像一把熊熊燃烧的火炬，为传递它的人带来光明。

（4）生命之火就是爱的火焰。

# 参考文献

[1] 闫燕.阳光心态[M].青岛：青岛出版社，2012.

[2] 郭漫.青少年人生励志哲理故事[M].北京：华夏出版社，2011.

[3] 韩绍朋.青少年从零开始学:心态学[M].北京：地震出版社，2011.